U0897779

测绘地理信息科技出版资金资助

星载宽幅合成孔径雷达干涉测量

Spaceborne Wide Swath SAR Interferometry

蒋廷臣 著

测绘出版社

·北京·

© 蒋廷臣 2015
所有权利(含信息网络传播权)保留,未经许可,不得以任何方式使用。

内容简介

星载合成孔径雷达干涉测量是20世纪发展最为迅速、最具应用潜力的新型对地观测技术,宽幅合成孔径雷达干涉测量则是其拓展,是当前国际遥感界乃至地学界极为关注的热点研究课题。本书概要介绍了目前国外已经发射成功且具有宽幅模式的SAR卫星基本情况,系统地叙述了星载宽幅合成孔径雷达的成像与干涉原理,重点分析了星载宽幅合成孔径雷达图像拼接等关键技术,阐述了其干涉去相干性和相关误差的影响规律与大小,并对星载宽幅合成孔径雷达干涉测量的大气影响进行了初步研究。在此基础上,研究了基于多源多模式雷达干涉的形变场融合方法,最后利用宽幅合成孔径雷达差分干涉测量,对伊朗巴姆地震、汶川地震和于田地震进行了变形获取与分析研究,获得了较好的结果。

本书可供从事测绘、遥感、地理、资源和环境等学科领域的科技人员和高等院校师生学习参考。

图书在版编目(CIP)数据

星载宽幅合成孔径雷达干涉测量/蒋廷臣著. —北京:测绘出版社,2015.11
ISBN 978-7-5030-3591-3

Ⅰ.①星… Ⅱ.①蒋… Ⅲ.①卫星载雷达—合成孔径雷达—干涉测量法 Ⅳ.①TN958

中国版本图书馆CIP数据核字(2015)第262165号

责任编辑 赵福生 **封面设计** 李 伟 **责任校对** 董玉珍 **责任印制** 喻 迅

出版发行	测绘出版社	**电　话**	010—83543956(发行部)
地　址	北京西城区三里河路50号		010—68531609(门市部)
邮政编码	100045		010—68531363(编辑部)
电子信箱	smp@sinomaps.com	**网　址**	www.chinasmp.com
印　刷	三河市世纪兴源印刷有限公司	**经　销**	新华书店
成品规格	169mm×239mm		
印　张	9.5	**字　数**	205千字
版　次	2015年11月第1版	**印　次**	2015年11月第1次印刷
印　数	0001—1000	**定　价**	48.00元

书　号 ISBN 978-7-5030-3591-3/P・774
本书如有印装质量问题,请与我社门市部联系调换。

序

作为大地测量的一种新技术，合成孔径雷达干涉测量技术具有全天时、全天候、周期短等优势，其差分干涉测量技术可对地面进行高精度和高分辨率变形监测，其空间连续覆盖的特征是 GNSS、SLR、VLBI 及传统大地测量（如精密水准测量）等方法所不具有的。作为 InSAR 技术的拓展，星载宽幅合成孔径雷达干涉测量技术相对于其他模式干涉测量而言，尽管其分辨率较低，但具有重访周期短和宽幅的优点。随着空间定轨技术的发展，已发射和即将发射的合成孔径雷达卫星如“哨兵一号”皆具有宽幅模式，而且还能提供大量的宽幅 SAR 数据，从而为星载宽幅合成孔径雷达干涉测量技术的全面研究和推广创造了良好的条件，未来以此为代表的大范围、高精度遥感地表监测技术将引领空间大地测量技术体系的变革。

目前，国际上已掀起针对星载宽幅合成孔径雷达干涉测量技术理论与应用研究的热潮，国内外从事该项研究的学者越来越多，但是相关的专著和书籍尚不多。蒋廷臣副教授及其科研团队，不失时机地抓住了这一前沿性的研究方向，密切关注星载宽幅合成孔径雷达干涉测量技术的前沿发展，在学习和吸收有关宽幅合成孔径雷达干涉测量书籍、专著和论文等成果的基础上，基于一些自然基金项目对星载宽幅合成孔径雷达干涉测量的理论和应用进行了认真研究，并积累了一些经验，取得了一定成果，从而编著了《星载宽幅合成孔径雷达干涉测量》一书。在本专著的编写过程中，作者还参考了大量相关文献资料，吸取了国内外最新研究成果。本专著以合成孔径雷达干涉测量的理论框架为基础，重点阐述了宽幅合成孔径雷达干涉测量技术的基本原理和方法，从测量学的视角对误差来源与误差传播模型进行了全面深入的分析研究，总结出一套较完善的宽幅合成孔径雷达干涉测量理论和方法。通过巴姆地震（伊朗）、汶川地震、于田地震的实例论证表明，该理论体系系统完备、可靠度较高。作为这些研究成果的结晶，本书突出体现了作者对相关科学研究的务实与创新精神。在此，我为国内不断涌现出崭露头角的学术团体而感到欣慰与高兴。

本书内容丰富、结构完整、逻辑清晰、层次分明、图文并茂，适合测绘及相关学科领域的科技人员和高等院校师生学习参考。期望本书的出版，能够对推动宽幅合成孔径雷达干涉形变测量技术在我国的科学研究和应用推广发挥积极的作用。

香港中文大学太空与地球信息科学研究所所长

国际欧亚科学院院士

中国科学院/香港中文大学地球信息科学联合实验室主任

2015 年 9 月

前　言

星载宽幅合成孔径雷达干涉测量是利用合成孔径雷达(synthetic aperture radar,SAR)卫星扫描模式观测地表而获取其几何信息的技术,又被称为ScanSAR(scanning interferometric synthetic aperture radar)干涉测量。宽幅SAR图像强度信息已应用于资源勘探、环境监测、海洋探测、防灾减灾、土地利用和森林调查、农作物估产、国家安全等方面,取得了重大成效。由于合成孔径雷达卫星设备性能和定轨技术的改善和提高,宽幅SAR干涉的前提条件即扫描同步和极限基线已得到保证,同时,已发射和即将发射多颗具有宽幅模式的SAR卫星,为宽幅SAR干涉研究应用提供了丰富的数据资源,故星载宽幅干涉测量技术为地壳板块运动及地球动力学研究提供了契机。

星载宽幅合成孔径雷达干涉测量相对于其他模式干涉测量而言,尽管分辨率较低,但具有重访周期短和宽幅的优点。重访周期短则易监测地表缓慢变形,宽幅不仅可消除具有累积效应的基线误差,而且在监测精度与条带模式相当的条件下,其获取的宽域形变场更能用于发震机制分析,同时其多模式干涉测量可为干涉图时间序列分析提供条件,故星载宽幅合成孔径雷达干涉测量理论与方法已成为一个热点研究与应用的新方向。我国"863"高技术研究发展等计划也把雷达成像列为重点项目,但由于受到数据源质量、数量和相关参数信息的限制,目前我国还处于利用国外提供的干涉数据进行研究的阶段,尚未在国内大规模应用。抓住时机,充分利用目前雷达卫星提供的海量影像资源,对宽幅SAR干涉测量技术的理论和实现进行深入的研究,对我国InSAR技术紧跟国际发展潮流具有非常重要的科学意义。

笔者在承担国家自然基金项目(编号:41004003)、江苏省测绘科研项目计划(编号:JSCHKY200902)和完成博士论文的过程中,密切关注星载宽幅合成孔径雷达干涉测量技术的前沿发展,在学习和吸收有关宽幅合成孔径雷达干涉测量书籍、专著和论文等成果的基础上,对合成孔径雷达干涉测量的理论和应用进行了认真研究,并积累了一些经验,取得了一定成果,本书是对这些经验和成果的全面总结。在本书的编写过程中,笔者还参考了大量相关文献资料,吸取了国内外最新研究成果,力争在加强星载宽幅合成孔径雷达干涉基本理论和方法研究的同时,反映其研究和应用的新发展,为关注和从事星载宽幅合成孔径雷达干涉测量研究的青年学者和研究生们提供学习参考资料。

本书共分为7章,第1章简要地介绍了SAR和星载宽幅干涉测量的发展历史、研究现状及几个典型的雷达卫星系统;第 2 章叙述了合成孔径雷达和宽幅 SAR 成像原理,并在此基础上分析了其关键成像参数和性能,研究了 TCN 坐标系中的宽幅合成孔径雷达干涉测量数据学模型及其干涉测量流程,并与条带干涉测量进行了异同点的比较;第 3 章针对宽幅 SAR 影像的拼接方法进行了研究,分析了条带 SAR 图像和 Burst 图像的频谱特性,研究了全孔径拼接法和 SIFFT 拼接法,介绍了单 Burst 干涉图生成流程,研究了用于 Burst 干涉图拼接的时域拼接法、相关拼接法和综合法,最后针对子条带间的特性,提出了基于配准加权的子条带拼接法,并用实验进行了验证分析;第 4 章研究了宽幅 SAR 干涉去相干性和测量误差处理分析,比较了与条带干涉测量去相干性的异同点,研究了 ScanSAR 干涉测量与条带干涉测量不同的几何去相干和扫描同步去相干,研究了基线误差和 DEM 误差影响宽幅干涉测量结果的数学模型,以巴姆地震为例对其进行了验证分析,最后研究了大地水准面差距对宽幅干涉测量结果的影响规律和程度,阐述了基于 EGM-96 模型计算大地水准面差距的方法;第 5 章介绍了 ScanSAR 干涉测量中的大气影响研究;第 6 章重点讨论了多模式的合成雷达干涉测量和多源多模式的形变场融合;第 7 章以伊朗巴姆地震、汶川地震和于田地震为例,对这些地震利用合成孔径干涉测量获取相应的形变场,并进行了分析研究。

在本书出版之际,感谢香港中文大学林珲教授在百忙之中为本书欣然作序,感谢香港中文大学博士后张瑞博士为本书撰写三维形变场重构部分的内容;感谢测绘出版社的编辑同志为本书出版的积极支持;感谢国家自然科学基金、江苏省六大人才高峰项目、江苏省青蓝工程及高校优秀中青年教师和校长境外研修计划、江苏高校优势学科建设工程项目、江苏省"333 高层次人才"培养工程项目、连云港市第五期"521 高层次人才培养工程"项目、江苏硕士点增点学科、江苏省测绘局测绘科研基金和淮海工学院专著基金的资助。

由于星载宽幅合成孔径雷达干涉测量是一个多学科相互交叉、渗透的新兴领域,涉及对地观测、无线电技术、影像处理与模式识别、现代数据处理技术、测绘科学等诸多学科的相关知识,加之时间和作者水平有限,书中难免有错误和不足之处,敬请读者不吝指正。

作　者

2015 年 9 月于连云港

目　录

CONTENTS

第1章　绪　论

§1.1　引　言

作为一种新兴的空间大地测量技术，合成孔径雷达干涉测量技术(interferometric synthetic aperture radar，InSAR)能够获取高精度、高分辨率的地表几何信息，且无须提供地面控制点，相比于其他大地测量手段具有无法代替的作用，现已成为极具发展潜力的微波遥感对地观测技术。InSAR技术利用微波监测地表目标，通过机载或星载方式采集地面各种人工或自然目标反射的微波信号，经处理分析后，提取地表信息，揭示其几何性质及变化规律。在测绘学中，合成孔径雷达干涉测量技术能生成较高精度的数字高程模型及相关的地图测绘产品，而在合成孔径雷达干涉测量基础上发展起来的差分合成孔径雷达干涉测量(diffierential InSAR，DInSAR)则是根据SAR单视复数据提供的相位信息，以厘米级甚至毫米级精度监测地球表面的形变，尤其对地表垂直形变极其敏感，且能大规模监测几天甚至几年的形变场信息。全球导航卫星系统(global navigation satellite system，GNSS)、卫星激光测距(satellite laser ranging，SLR)、甚长基线干涉测量(very long baseline interferometry，VLBI)技术及传统大地测量(如精密水准测量)是监测地表形变的主要大地测量方法，虽然其观测结果具有量化清晰、精度高、时间尺度一致、动力学意义明确等优点，但利用离散结果求解形变场与应变场的空间分布时，需进行拟合或内插，故导致了形变高频部分的去除，即忽略了形变的精细特征，显然，这些监测方法的不足可由合成孔径雷达干涉测量技术克服。

到目前为止，合成孔径雷达卫星主要具有条带和宽幅两种模式，其观测地表原理如图1.1所示，其中图1.1(左)是宽幅模式，图1.1(右)是条带模式。条带模式又称Stripmap模式，或称IM模式(image mode)，其相应的干涉测量称为条带干涉测量。Stripmap干涉测量或IM模式干涉测量(相比于星载宽幅合成孔径雷达干涉测量，其被称为传统合成孔径雷达干涉测量)，其差分干涉测量的结果具有监测精度高、形变场连续和分辨率较高的优点，能获得反映地表形变的更多信息，现在已成功应用于各种形变监测。

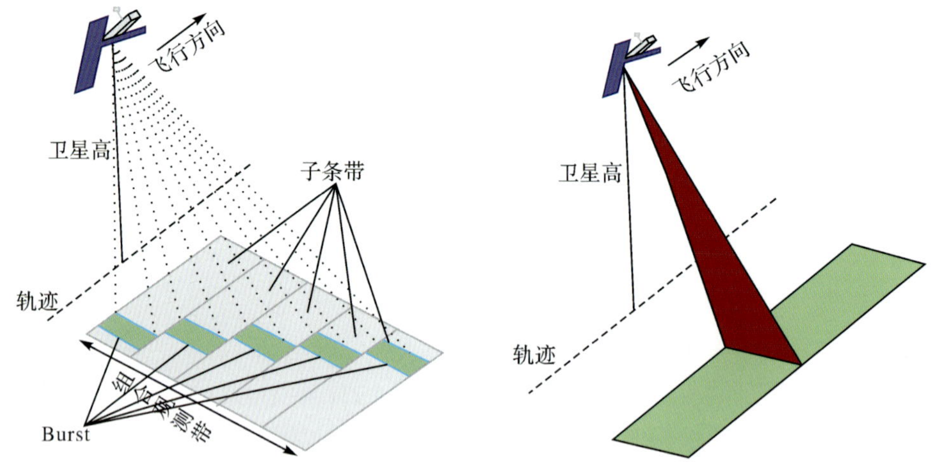

图 1.1　宽幅和条带模式比较

尽管传统条带干涉测量技术已取得相当大的进步，可有效应用于各种地表形变监测，但其覆盖范围较小，难以获取宽域的地壳形变，如 2008 年 5 月发生的汶川地震，其破裂带约达 300 km，如利用 ALOS 卫星的 IM 数据来获取其形变场，则需 6 个轨道数据（温扬茂，2009）拼接才能得到其形变场，这样无疑会带来拼接误差，另外断层形变，特别是震间形变（震间应变积累）通常分布在断层附近 50～150 km，甚至更宽的区域，此时条带干涉测量技术无能为力。2010 年年底欧洲空间局对 ENVISAT 卫星模式进行调整而不能进行干涉，其他高分辨率卫星如 TerraSAR-X 和 COSMO-SkyMed 卫星的 IM 模式数据覆盖范围更小，见表 1.1。从表中可以看出，高分辨率卫星条带模式幅宽仅数十千米，故在板块运动和地球动力学研究应用中 IM 模式合成孔径干涉测量技术受到了限制。

表 1.1　SAR 卫星的条带和宽幅模式影像幅宽比较　　单位：km

卫星	条带影像幅宽	宽幅影像幅宽
ENVISAT	100	405
RadarSat	100	500
TerraSAR	30	100
COSMOS	40	100
ALOS	70	350
Sentinel-1（计划）	80	250

宽幅模式又称 WSM 模式（wide swath mode）、ScanSAR 模式、Burst 模式和扫描模式，其相应的干涉测量称为宽幅 SAR 干涉测量（wide swath synthetic aperture radar interferometry，WSInSAR）、ScanSAR 干涉测量（scanning interferometric synthetic aperture radar，SInSAR）、Burst 干涉测量。宽幅模式是

一种新的雷达成像模式，其特点是在相邻几个子测绘带之间共享合成孔径时间，以降低方位分辨率为代价，从而实现测绘带宽度的增大。它是在若干个不同天线波束之间合理分配成像时间，对每个波束位置所能接收到的 Burst 信号进行处理，形成相应子观测带内的合成孔径图像，进而得到全部组合观测带的连续雷达图像。ScanSAR 采用多个波束扫描的方式进行成像时，在每个波束上，天线都要驻留固定的时间来发射和接收一系列的脉冲串，这一系列脉冲串即称为 Burst，相应的数据块称为 Burst 数据或 Burst 图像，如图 1.1 所示。现在许多卫星具有宽幅模式，如 ENVISAT、ALOS、TerraSAR-X、COSMOS-SkyMed 和 Sentinel-1 等 SAR 卫星。在利用条带模式对研究区域监测的同时，可利用 ScanSAR 模式进行监测，例如 ALOS 卫星在降轨时以宽幅模式监测，在升轨时以条带模式监测。首先，与条带模式相比，宽幅 SAR 模式最显著的优点是有较大的幅宽，见表 1.1，从表中可以看出，每颗合成孔径雷达卫星宽幅 SAR 模式幅宽是 IM 模式的 3～4 倍，利用这样的 ScanSAR 数据可得到宽域形变场。以汶川地震为例，尽管其断裂带长度约为 300 km，但是利用两景数据差分即可得其形变场，且其形变场在空间上连续，其监测精度与 IM 模式相当；其次，由于其干涉图覆盖范围大，基线误差在干涉图中将发生累积效应，故易利用相应的方法去除或降低其影响；最后，ScanSAR 模式同一研究区域的重访时间短，易发现缓慢变形。显然，为了保证采样间隔短和获取宽域且连续的形变场，基于星载宽幅 SAR 数据的合成孔径雷达干涉测量技术是值得深入研究的。

利用星载宽幅合成孔径雷达干涉测量技术来监测地表形变，需要讨论如下关键问题：①建立并完善宽幅 SAR 干涉的数学模型，深入分析其干涉形成前提条件、关键误差和大地水准面差距影响程度及消除方法；②图像拼接，主要包括 Burst 间拼接和子条带拼接；③大气效应削弱方法；④宽幅合成孔径雷达干涉图时间序列分析方法。

§1.2 合成孔径雷达及其干涉技术的研究现状

1.2.1 SAR 的历史与研究现状

合成孔径雷达就是利用雷达与目标的相对运动，把尺寸较小的真实天线孔径用数据处理的方法合成一个较大的等效天线孔径的雷达，其特点是分辨率高、能全天候工作、能有效地识别伪装和穿透掩盖物。所得到的高方位分辨率，相当于一个大孔径天线所能提供的方位分辨率。高分辨率在这里包含两方面的含义，即高的方位向分辨率和足够高的距离向分辨率。它采用多普勒频移理论和雷达相干理论为基础的合成孔径技术来提高雷达的方位向分辨率；而距离向分辨率的提高则通过脉冲压缩技术来实现(巴顿,2007)。

装载在飞机上或空间飞行器上的雷达有几种不同的工作模式,最常见的是正侧视模式,称为合成孔径侧视雷达。此外,还有斜视模式、多普勒波束锐化模式和定点照射模式等。如果雷达保持相对静止,使目标运动成像,则成为逆合成孔径雷达,也称距离-多普勒成像系统。合成孔径雷达在军事侦察、测绘、火控、制导,以及环境遥感和资源勘探等方面有广泛用途(保铮 等,2005)。

雷达诞生于"二战"时期,而合成孔径雷达的思想则出现在 20 世纪中期,美国古德伊尔航空公司的 Willey 第一次发现侧视雷达通过利用回波信号中的多普勒频移可以改善其方位分辨率,这个里程碑式的发现标志着现在被称为合成孔径雷达的技术诞生了。与此同时伊利诺斯大学的 Sherwin 等人也独立地进行了实验,并于 1953 年 7 月得到了第一张非聚焦型合成孔径雷达图像。1953 年夏,在美国密歇根(Michigan)大学举办的暑期讨论会上许多学者提出了利用载机运动可将雷达的真实天线综合成大尺寸的线性天线阵列的新概念——合成孔径,在会上还制订了一个 SAR 发展计划,这个计划导致了第一个 SAR 实验系统的诞生。1957 年 8 月密歇根大学与美国军方合作研究的 SAR 实验系统成功地获得了第一幅全聚焦 SAR 图像,宣告了 SAR 技术从理论走向实践的成功(黄倩,2006)。

合成孔径雷达从其载体上可以分为机载 SAR 和星载 SAR。机载 SAR 经过几十年的发展已经有很多种类型的机载 SAR,如德国的 E-SAR、丹麦的 KRAS 等。E-SAR 是德国宇航院无线电技术所从 1980 年开始研制的 L/C 波段机载 SAR 系统。该系统的分辨率可达 2 m 以下,并能进行实时成像。E-SAR 系统已被广泛用于科学试验研究。丹麦的 KRAS 系统工作在 C 波段,具有可变入射角、多种测绘带宽和一定的分辨率。该系统最高分辨率也可达到 2 m(保铮 等,2005)。另外,机载 SAR 还广泛应用于军事方面,如美国休斯公司为"环球鹰"高空无人侦察机研制的"海萨"合成孔径雷达,其条带模式分辨率为 6 m,聚束模式分辨率达 1.8 m。近年来,美国桑迪亚国家实验室为美国 General Atomics Aeronautic System 公司制造的"I-Gnat"无人侦察机研制的"Lynx"合成孔径雷达,其分辨率达 10 cm,工作在 Ku 波段。

与机载 SAR 相比,星载 SAR 有更宽的成像范围。星载 SAR 起源于 20 世纪 70 年代末,1978 年 5 月美国宇航局(NASA)发射了海洋一号卫星(SeaSat-A),这是首次在卫星上装载合成孔径雷达,对地球表面 1 亿 km^2 的面积进行了测绘,标志着 SAR 已成功地进入了空间领域。此后,星载 SAR 技术得到迅速的发展,一系列星载 SAR 先后升空。除 SeaSat-A 外,NASA 还发射了航天飞机成像雷达 SIR-A、SIR-B 和 SIR-C/X-SAR。前苏联也于 1991 年 3 月发射了 ALMAZ-1 星载 SAR,欧洲空间局于 1991 年 7 月发射了 ERS-1,日本于 1992 年 2 月发射了 JERS,加拿大于 1995 年初发射了 RadarSat 等,到 21 世纪的前 5 年,一些国家或国家集团如俄罗斯、日本、加拿大、印度、欧共体和美国的空间机构都有进一步部署发射SAR遥感器。星载SAR系统具有数据量大、测绘范围广的特点，更适合对全球进行监测（黄倩，2006）。

在各种SAR系统不断更新换代的同时，SAR成像算法也一直是信号处理领域中的热点。距离多普勒（range-Doppler，R-D）算法是SAR成像处理中最直观、最基本的经典方法，于20世纪80年代初首先提出（保铮 等，2005）。该算法采用内插的方法在R-D域进行距离徙动校正（range cell migration correction，RCMC）。由于徙动轨迹的突变性，内插中所采用的核函数应随距离单元发生变化。随着方位分辨率的提高及斜视角的增大，信号在距离向会出现一个与多普勒频率和距离有关的新的调频分量并引起距离向散焦。为了消除该调频分量，提出了二次距离压缩（second range compression，SRC）的概念。距离多普勒算法的主要缺点在于插值运算会增加计算量，并使SAR图像相位保真度下降。但只要参数设计得当，采用该算法仍可获得良好的聚焦效果（黄倩，2006），因此直到今天，R-D算法仍然被广泛采用。CS（chirp scaling）算法的基本思想就是消除该尺度变化，从而使平移得以顺利实现，充分利用了发射信号为线性调频的性质。首先，在多普勒域对徙动轨迹进行微调，消除其突变性，使不同距离单元上的徙动轨迹与参考距离上的一致；然后，在距离频域上完成对徙动轨迹的统一校正。该算法完全避免了插值运算，并自然考虑到了二次距离压缩随多普勒频率的变化，但仍然无法解决更大斜视角时SRC随距离变化的问题。ω-κ 算法又称波数域算法，算法中，距离向压缩之后经二维傅里叶变换，信号进入二维频域。该算法通过Stolt变换，将二维频域内均匀采样的信号转换为距离及方位波数域（ω-κ 域）内均匀采样的信号，而地面散射场与 ω-κ 域内的信号为傅里叶变换对，因而，通过二维傅里叶变换可直接完成对地面散射场的重建。理论上，ω-κ 算法未采用R-D算法和Chirp Scaling算法中的近似假设，可以完全校正突变的距离徙动和SRC，是对SAR信号的最优处理。但是，算法的核心——Stolt变换，必须通过内插实现，而成像质量对于频域内插精度十分敏感（郭华东，2000；保铮 等，2005）。

1.2.2 InSAR的发展历史及研究现状

InSAR是一个嵌套式的英文缩写，即radio detection and ranging（Radar，无线电探测与测距，简称雷达），synthetic aperture radar（SAR，合成孔径雷达），SAR interferometry（InSAR，合成孔径雷达干涉）。这说明了InSAR的发展先后经历了“地面探测雷达—成像合成孔径雷达—合成孔径雷达干涉”的过程，同时也说明了InSAR是合成孔径雷达遥感成像与电磁波干涉两大技术的融合（刘国祥，2004）。

InSAR技术是由雷达影像复数据作为信息源，利用这些相位信息提取地表三维信息的一项技术。该技术诞生于20世纪60年代末，1969年合成孔径雷达干涉测量技术首次应用于对金星观测，目的是用来分离来自金星南、北半球的雷达模糊回波；1972年利用合成孔径雷达干涉测量技术获得了月球表面的地形数据，高程精度优于500 m(张诗玉，2009)。

1974年，美国科学家提出用干涉合成孔径雷达进行地形测绘的原理和技术，首次演示了InSAR用于地形测量的可行性，并制作了第一台用于三维地形测绘的机载干涉合成孔径雷达。该雷达采用单轨道双天线方式，进行光学干涉处理来获取地面的高度信息，属于模拟型的干涉合成孔径雷达。该研究成果对SAR应用的发展起着巨大的推动作用，从此人们对合成孔径雷达干涉测量进行了广泛的研究(焦明连 等，2008)。

美国的SeaSat-A SAR系统的发射，使InSAR的研究有了生机。1978年SeaSat卫星在空间飞行100天，首次从空间获得地球表面雷达干涉测量数据，为开展空间InSAR技术应用研究提供了可能。

20世纪80年代，一批学者对InSAR成像的理论与技术进行了进一步的研究(焦明连 等，2008)。1986年，美国加州工程技术学院的喷气推动试验室(Jet Propulsion Laboratory，JPL)的Goldstein、Zebker等给出了用InSAR观测数据进行地形成像的结果，并描述了InSAR处理的过程。1988年，Gabriel和Goldstein发表了他们用SIR-B的数据验证了单通道SAR形成干涉有效性的论文，给出了InSAR处理后的干涉图像，并对InSAR处理中的影像配准的重要性及其方法做了描述。同年，Goldstein等人针对InSAR处理中相位展开问题，研究了一种抗噪声能力较好的相位展开方法。

20世纪90年代，许多国家(如美国、加拿大、德国、法国等)的科研人员都在InSAR的基本原理、模型试验、计算方法、软件开发和实际应用等方面开展了大量的工作，并取得了重要的进展(焦明连 等，2008)。1990年F.K.Li和Goldstein对多基线星载InSAR的回波信号的特征及高度误差进行了系统分析，并提出了基线解相关的概念。E.Rodriguez和J.M.Martin在更为一般的情况下，对InSAR回波信号的特征、干涉相位的最优估计和系统优化设计进行了更为深入的研究。1991年德国地学研究中心有14个反射器成功地进行了干涉雷达精确测量位移的试验研究。法国Didier Massonnet于1992年用干涉雷达技术研究了同年在加利福尼亚发生的地震，取得了突出的成果，成为应用干涉雷达技术研究地面位移最早的成功范例。1991年，NASA/JPL采用带有GPS的机载干涉SAR系统(TOPSAR)对6.5 km×30 km的区域进行了测试，在确定绝对相位时采用了多视技术(距离向因素为4，方位向因素为32)，最后获得了该地区水平误差为10 m的地形图。所获地形结果与DEM的比较结果表明：在平坦地区有2 m的均方根测量偏差，山区有5～6 m的均方根偏差。在1995年举行的国际雷达会议上，NASA/JPL展示了

1994年"奋进号"航天飞机上SIR-C/X-SAR合成孔径雷达的成像结果，给出了将1994年SIR-C/L波段获得的SAR图像与1994年4月和10月两次SAR图像的干涉图像导出的高程叠加数据，所得到的加利福尼亚Long Valley地区的三维成像结果观测精度可达厘米级。

自1991年欧洲空间局(ESA)发射ERS-1卫星，尤其是在日本于1992年发射JERS-1、ESA于1995年发射ERS-2和加拿大于1995年发射RadarSat卫星之后，这些卫星为全球提供了丰富的干涉雷达数据，InSAR技术开始从纯理论研究迈向实用研究。目前，一些机载SAR系统，如AirSAR/TopSAR、DO-SAR、CCRSC/X-SAR，都已拥有InSAR工作模式。一些用于InSAR数据处理的商业性软件已陆续推向市场，如美国ERDAS公司的ERDAS Imagine、加拿大PCI公司开发的PCI等，均包含InSAR数据处理的模块。InSAR技术的应用业已涉及地形测图、数字高程模型、洋流、水文、森林、海岸带、变化监测、地面沉降、火山灾害、地震活动及极地研究等诸多领域。

1996年，欧洲空间局在瑞士苏黎世举办了第一次干涉雷达技术国际研讨会(FRINGE'96)，会议就InSAR在地质和灾害应用、DEM应用、森林和土地覆盖应用、冰川、处理器产品、算法和技术、正确性证实等专题上做了深入的讨论。

1999年，欧洲空间局在比利时列日举办了第二次干涉雷达技术国际研讨会(FRINGE'99)，会议就干涉雷达技术从理论研究走向实用化的问题做了更进一步的讨论。

2000年2月11日，美国"奋进号"航天飞机采用InSAR技术，在11天内成功获取了覆盖地球表面80%的干涉数据，利用这批数据生产出了全球30 m高分辨率的地形数据，实现了迄今为止高精度的全球数字高程模型的构建。这要远远优于以前能得到的1 km网格全球地图，显示了合成孔径雷达干涉测量技术用于测绘地形图时无与伦比的潜力。

1.2.3　传统DInSAR技术的发展及研究现状

传统重复轨道差分干涉测量(DInSAR)技术，是指利用条带模式雷达干涉图的差分可用于监测雷达视线方向厘米级或更微小的地球表面形变，是雷达干涉测量(InSAR)应用的一个拓展。传统DInSAR技术可以在较大范围内(ENVISAT卫星是100 km×100 km，这主要取决于条带带宽)监测地面的微小形变，具有无须人员进入灾害地区测量的特点，相对于GPS和GLONASS全球定位系统和经典大地测量手段(高精度几何水准测量)而言，有着明显优势和广阔的应用潜力(乔书波，2003)。高精度几何水准和GPS技术只能监测有限的离散控制点，而传统DInSAR一幅图像就可以进行1万km^2面积内的地表形变监测，其空间分辨率可达到5 m×20 m，这也是其他大地测量方法所无法比拟的。

自20世纪90年代以来，传统DInSAR技术得到了大地测量界广泛关注和研究，并取得了一系列重要的研究成果，如对近年来多个地区震后形变场的反演，监测活火山喷发和喷发前的运动规律，对南极冰川流速的大面积测定，对山体滑坡等自然灾害的监测，对采矿区地面塌陷、城市地面沉降等人为因素造成的自然灾害的监测等。目前，差分干涉应用最多的是探测大范围的地表形变，与GPS、水准测量等惯用离散监测技术联合。DInSAR技术用于高分辨率、高精度地捕获各种地球物理现象引起的地表位移，已表现出了极大的潜力。干涉应用最普遍且最有效的是测量地震形变场，世界上较为活跃的几个地震区已使用DInSAR技术对形变场成图，如Mw7.3级加州Landers地震（Fialko，2004）和Denali地震（Biggs et al，2009），北极冰川移动和Etna火山形变监测（Massonnet et al，1995；Zebker et al，1997）等，并取得了突破性的研究成果。利用地面观测数据和断层位错模型模拟的形变图，干涉结果和模拟结果极为相似，显示了差分干涉测量形变场具有高分辨率、连续空间覆盖的独特技术优势。为了消除或降低各种误差，尤其是大气对条带模式差分干涉测量的影响，国内外专家相继提出了干涉图叠加法（亦称Stacking方法）、短基线集法（small baseline subset，SBAS）、点目标分析法（interferometric point target analysis，IPTA）、相干目标分析法（coherence target analysis，CTA）和PSInSAR等方法（Colesanti et al，2003a，2003b），有效地改善了条带模式合成孔径雷达干涉测量的结果。

1.2.4 我国合成孔径雷达及其干涉技术的研究现状

国内SAR的研究在最近几十年也有长足的发展。20世纪70年代中期，中国科学院电子学研究所率先开展了SAR技术的研究。1979年取得突破，研制成功了机载SAR原理样机，获得我国第一批雷达图像。1987年完成国家“六五”攻关项目“机载多条带多极化SAR”，装备在中国科学院遥感飞机上。1990年成功研制SAR机-地实时传输系统。1994年完成了“机载实时成像器”“863”项目，系统吞吐量在载机最大飞行速度时达到1帧/3分钟，每帧图像35 km×35 km。从而机载雷达系统成为我国民用遥感的有效工具，近年来多次在我国洪涝监测中发挥重要作用。

自20世纪80年代末，国家“863”计划部署了发展SAR及相关技术的一系列课题，其中“星载SAR模样机研制”列为“863”计划重大项目。目前我国的星载SAR项目进展顺利，环境一号C卫星（HJ-1-C）是我国首颗民用合成孔径雷达（SAR）卫星，工作在S频段，中心频率为3 200 MHz，HJ-1-C卫星SAR频率源短期稳定度和脉间定时抖动对成像性能的影响很小，SAR系统相干性设计满足合成孔径雷达成像要求（李海英，2014）。

自“八五”“九五”以来，根据国家的迫切需要和国际上SAR技术发展趋势，我国还安排了雷达及其SAR成像处理技术相配套的工程任务,其中包括机载高分辨雷达系统,部署了SAR定标技术、SAR干涉技术等一系列前沿课题和相关的应用研究。我国SAR技术飞速发展,将在国民经济建设和国防建设中作出巨大的贡献。

在InSAR技术上,我国与国际先进水平尚有很大差距。目前,我国还没有自己的SAR系统和成熟的InSAR系统处理软件。由于受到获取数据的质量、数量和相关参数信息的限制,目前的研究工作大多局限于对InSAR处理中部分环节的研究,对完整的InSAR数据处理系统、实际数据的处理研究相对较少。随着我国机载及星载SAR技术的不断进步和发展,这一状况可望在不久将得到改观。

总之,InSAR技术已经成为国际研究热点,在理论上趋于成熟,且在地面位移监测、高精度数字高程图制作等方面得到应用。但是,这一高新技术尚未在国内大规模应用,这就需要抓住时机,充分利用目前雷达卫星提供的丰富影像资源,深入研究并解决由InSAR影像提取DEM中的关键技术问题,提供利用InSAR技术生成DEM的相关技术,使InSAR影像提取DEM走向实用化。

传统DInSAR技术在国内已经得到了大量应用,主要体现在2008年汶川8.0级地震(Zheng-Kang et al,2009;单新建 等,2009)、玉树地震(王永哲 等,2013)、昆仑地震(温扬茂,2009)等;另外在地面沉降监测也得到应用,如天津地面沉降(李陶,2004;张诗玉, 2009)、盘锦地面沉降(田辉,2014)、上海沉降、南京河西新城地面沉降(王庆 等,2014)及煤矿采空区沉降监测(朱煜峰,2013;王志勇 等,2014)。同时,基于传统差分干涉测量技术,发展了一些高级的技术,如PS技术与短基线集技术(龙四春,2009)。

§1.3 宽幅SAR干涉测量技术国内外研究现状

利用宽幅SAR模式差分干涉测量来获取宽域形变场,经历了约30多年的时间。1980年星载ScanSAR的概念被提出,1988年Lubcombe对RadarSat卫星ScanSAR模式进行了设计(卡明,2007),1991年Currie和Brown阐述了ScanSAR模式相关理论和使用展望等,Burst模式第一次应用在探测金星表面的麦哲伦计划,目的是为了其他仪器的使用而减少数据量(Johnson et al,2003),地球上的第一个ScanSAR强度图于1996年由Chang利用SIR-C卫星得到。现在ScanSAR数据已广泛用于海洋等各个领域。第一个ScanSAR干涉图是在1999年利用RadarSat卫星ScanSAR数据得到的(Bamler et al,1999)。由于RadarSat轨道精度较差,故其相干性相对较差。

由于宽幅模式具有幅宽较大和重访时间短的优点,如果能够利用宽幅SAR数据进行干涉，则可有效改善条带模式幅宽较小和重访时间长的缺点，从而可以监测宽域形变并进行干涉图时间序列分析。为了能够将宽幅SAR数据与条带数据一样应用于地表形变监测，现在国内外许多学者进行了这方面的研究，并取得了大量具有较高学术价值和应用价值的成果，这些成果主要体现在三方面：①成像算法；②星载宽幅SAR干涉的去相干性研究；③星载宽幅SAR干涉方法研究。

1. 成像算法方面

相位保持是将SAR零级数据处理成单视复数据(SLC数据)时，处理前后的SAR数据相位保持不变，从而得到正确的干涉图。相位保持是ScanSAR干涉的先决条件之一。随着学者们的努力，研究了多种适应于ScanSAR数据相位保持的成像算法。ScanSAR模式是通过多个雷达子波束来对研究区域进行监测，其中每个子波束覆盖全部测绘带的一部分，每一子条带的数据来自Burst方式发射的一组脉冲串，相邻Burst之间用于获取其他子波束的数据。由于采用Burst模式，方位向相位历程不连续导致目标频谱变得不连续，从而必须寻求相应精确而又高效的算法。与ScanSAR数据不同，在方位向IM模式数据无论是空间还是时间都是连续的。现在处理IM模式数据算法之一是距离多普勒算法(RDA)，其主要是在距离多普勒域即距离方位域中处理。为了将RDA算法应用于ScanSAR数据处理，需要将ScanSAR数据子条带中的Burst间隙用零补齐，以使其适应于IM模式下的成像处理，故将此种算法称为相干多Burst算法(Bamler，1995；Bamler et al，2009)，又称为全孔径算法。相干多Burst算法在Burst之间保持正确间隔的条件下，可对所有包含目标的Burst进行相干处理，生成的图像在几何特性和频谱特性上与相应的条带模式相同(Bamler et al，1996)。但Burst间补零相干处理后会导致旁瓣效应，使得图像变得无序，尽管可通过低通滤波对其进行抑制(Cumming et al，2005)，然而会影响图像分辨率。因此，1997年Cumming和Wong提出了改进的RDA算法，称为SIFFT算法。该算法与RDA算法的主要不同在于方位压缩中的IFFT，在SIFFT算法中调整了IFFT的长度，以使该次IFFT截取到某一目标的完整Burst信号而不受或尽量少受来自相邻Burst中同一目标的影响(Cumming et al，1997；Wong et al，1997)。

频谱分析法(SPECtral analysis，SPECAN)可用来对ScanSAR数据进行处理。与RDA法相比，该算法效率更高，所需内存较少，适用于中等分辨率下的图像处理。当利用SPECAN算法对ScanSAR数据中的Burst数据块进行方位聚集时，由于方位调频率是距离的函数，解斜函数也随距离改变，导致方位输出像素间隔产生随距离变化的扇形畸变(卡明，2007)。这种畸变的补偿方法是通过插值将输出点为等间隔，然而过短的插值核会引入假目标，而过长的插值核会增加计算量，因此无论从计算效率还是精度而言，插值都会带来不利的影响。为此，1998年Lanari等对SPECAN算法进行了改进，将原有算法中的FFT用Chirp-z变换代替，并证明了 SPECAN 改善算法能对 Burst 数据进行相位保持。2007 年 Ortiz 博士、2009 年 Gudipati 博士在其论文中利用 SPECAN 改善算法对 Burst 数据进行了有效处理（Ortiz et al，2007；Gudipati，2009）。另外 SPECAN 改善算法已用于 SRTM 任务中，并获得了 SRTM 数字高程模型（卡明，2007）。

利用 SIFFT 算法对 Burst 间的不连续频谱处理，利用 ECSA 算法同样也可以实现。ECSA 算法即扩展 CSA 算法（extended chirp scaling algorithm，ECSA），即将 SPECAN 算法应用于 CSA 算法中而得到（Moreira et al，1996；Mittermayer et al，1998，2000）。与 SIFFT 算法相比，ECSA 算法的优点是无须插值，效率高；缺点是方位压缩包含了 IFFT 和 SPECAN 算法，即这种效率的提高是以增加计算量为代价的。与 SPECAN 算法相比，扩展 CSA 能精确实现 RCMC 和 SRC，同时通过变标操作顺利实现了数据配准，又因为无须插值，其精度比 RDA 算法要高（Cumming et al，2005；卡明，2007），现已应用于 ScanSAR 干涉（Mittermayer et al，2000）。

就宽幅 SAR 干涉而言，相位保持对干涉是至关重要的。随着学者们的努力，研究了多种适应于宽幅 SAR 数据处理的算法，但哪种方法最理想，或哪种情况适合用哪种数据进行处理，是必须解决的问题。1997 年以前，许多学者认为相干多 Burst 算法最为理想（Bamler，1995；Bamler et al，1996）。1997 年 Cumming 等比较了 RDA、SIFFT 和 SPECAN 算法在 ScanSAR 数据处理中的有效性，证明了 SIFFT 和 SPECAN 算法较 RDA 算法有效；2002 年 Holzner 和 Bamler 全面分析比较了各种 ScanSAR 数据处理算法的优劣，验证了 SPECAN 算法较其他方法的有效；2005 年，Cumming 等在其专著中进一步分析比较了各种处理 ScanSAR 数据的算法，认为 SPECAN 是最高效的算法。但仅能得到中等程度的图像质量，其他算法在效率和图像质量方面的差别很小，应视具体使用情况而定。

2. 星载宽幅 SAR 干涉的去相干性研究

如果 SAR 卫星在两次观测期间，地面目标点发生变化或两次成像时的轨道位置相差太远，则其回波信号会出现一定程度的去相干效应，甚至导致不能形成干涉，从而无法获取连续相位信息。对于干涉 SAR，干涉相干是利用 SAR 卫星获取地表相位变化信息的前提条件。由于星载宽幅 SAR 数据采用分辨率较低的 Burst 方式进行扫描，与 IM 模式相比，除了时间去相干、数据处理方法去相干和热噪声去相干等影响因素之外，其干涉还需方位扫描同步和几何去相干。方位扫描同步（azimuth scanning pattern synchronization，ASPS）是指地面同一点在两次成像时，卫星位于同一个位置的程度（Bamler et al，1999）。显然时间上不同步或轨道精度太差，会导致对应的 Burst 不完全重叠。利用 ScanSAR 数据形成干涉的条件是必须保证一定程度的扫描同步（Guarnieri et al，1996；Bamler et al，1999）。2006 年，Guccione 研究了不完全同步的影响，如果 Burst 重叠度不够，则难以去除旁瓣效应和保证其相干性,同时还会影响图像分辨率。2002 年,德国宇航局研究了 RadarSat 卫星的同步性,其扫描同步去相干主要是由 RadarSat 卫星轨道精度太差导致,且研究了利用频谱峰值方法来计算同步性(Holzner et al,2002),取得了较好的效果。2009 年,Gudipati 利用 ERS 数据仿真了宽幅 SAR 数据,研究了不同扫描同步率为干涉图效果和相干性,即使扫描同步率仅为 40%的情况下仍能获得较为理想的干涉效果。与 IM 模式干涉一样,ScanSAR 干涉也受到几何去相干性的影响,且影响程度更甚。几何去相干包括体散射去相干和基线去相干。体散射去相干主要是由于 ScanSAR 的分辨单元大,分辨单元较大意味着干涉相位来自更多不同高度目标的反射,从而导致去相干(Guarnieri et al,1999;Guccione,2006)。ScanSAR 干涉的有效基线约为 IM 模式的 1/4(Guarnieri et al,1999),如 ASAR 宽幅 SAR 模式,其干涉临界基线是 450 m,而实际有效的基线则是 100 m (Ferretti et al,2007)。星载宽幅 SAR 干涉几何去相干方面的文献较少。

3. 星载宽幅 SAR 干涉方法研究

许多学者根据星载宽幅 SAR 数据的特点,研究了其干涉方法,主要体现在 ScanSAR 干涉测量和多模式干涉测量。

ScanSAR 干涉测量可分为单 Burst 干涉和相干多 Burst 干涉。后者是指先利用 Burst 图像拼接并成像处理,得到子条带图像,然后干涉得到子条带干涉图,最后对子条带干涉图拼接而得到整个干涉图。单 Burst 干涉是指先利用相应的 Burst 形成干涉图,然后将其拼接得到子条带干涉图,最后将各个子条带拼接而得到整个成像区域的干涉图。显然,第一种方法,在对 Burst 信号拼接和成像处理得到 SLC 数据后,其干涉流程与条带模式干涉测量一样。在第二种方法中,首先对每个 Burst 图像进行了相位保持聚焦处理,然后如果获取的数据不同步时进行带通滤波处理(Ferretti et al,2007),其余步骤与传统 SAR 干涉处理相同。Holzner 和 Bamler 分别讨论了 ScanSAR 干涉测量的步骤,评价了 Burst 拼接前后形成干涉图两种方法的利弊,开创了宽幅 SAR 干涉的先例(Holzner et al, 2002)。通过研究,已经获得巴姆地震和拉斯维加斯的 ScanSAR 形变场(Ferretti et al,2007;Guccione,2006)。2009 年,Gudipati 博士根据 ERS 卫星的成像几何关系仿真了其 ScanSAR 模式的数据,获取了相应的差分干涉图,在此基础上进行了差分干涉图时间序列初步研究分析,获得了一些初步的结论。

多模式干涉测量是指利用不同模式的数据进行干涉,进而得到形变结果,其目的是改善干涉图时间序列分析时数据缺点的不足。ScanSAR 与 IM 模式能形成干涉图,但是由于二者成像模式和脉冲重复频率(pulse repetition frequency,PRF)不同,欲联合 ScanSAR 与 IM 模式形成有效的干涉对,关键在于解决两种成像模式不同所带来的难题。1999 年,Guarnieri 等进行了高低分辨率联合干涉的开创性工作,讨论了不同分辨率干涉的最主要问题——去相干,对此提出基于 DEM 的方法来降低去相干性，且给出了理论证明，用 ERS 卫星仿真数据得到了一些初步成果。2006 年，Guccione 分析了 ScanSAR 和 IM 数据的特性，在此基础上研究了相应的配准方法，最后得到了 WSM/IM 干涉图。2007 年，Ortiz 等研究了利用 ScanSAR 和 IM 模式的零级数据来联合得到干涉图，即首先利用 SPECAN 改善算法进行成像处理，然后采用二级配准的方法，得到高低分辨率联合干涉图，获得了较好的差分效果。

国内对 ScanSAR 技术的研究相对比较晚，直到 1997 年我国才提出 ScanSAR 模式的设计考虑和性能分析（袁孝康，1997），随后的时间主要集中成像算法的研究，如 SPECAN 算法和 CSA 算法（乔蓉蓉 等，2002；丁丁 等，2002；高骥 等，2009），以及 ECS 算法（龚晓静，2005；魏杰 等，2005；赵志伟 等，2007）。在研究成像算法的基础上，2007 年赵志伟博士研究了扫描同步性的计算方法、ScanSAR 干涉的步骤和方法。利用宽幅 SAR 获取了汶川地震的形变场，但未考虑大地水准面差距和地形误差的影响（Dong Yusen et al，2010）。总之，我国在 ScanSAR 干涉研究方面还处于起步阶段。本书的重点是 ScanSAR 干涉理论，主要包括 ScanSAR 干涉去相干性分析、图像拼接、各种误差的影响规律和消除或降低其影响的方法，以及 ScanSAR 干涉图时间序列分析方法等方面。

§1.4　具有宽幅模式的 SAR 卫星及相关参数

1.4.1　RadarSat-1/2 卫星

RadarSat-1 卫星于 1995 年 11 月 4 日由加拿大发射，太阳同步轨道，重量为 2 750 kg，轨道高度为 796 km，每天轨道数为 14，倾角为 98.6°，运行周期为 100.7 min，重返周期为 24 天，卫星过境的当地时间约为早 6 点和晚 6 点。该卫星具有 25 种波束、7 种模式，多个入射角，因而可获取具有不同幅宽、多种分辨率的 SAR 数据，适用于全球环境、土地利用和自然资源监测等。RadarSat-1 卫星的相关参数见表 1.2。

RadarSat-2 由 MDA 公司与加拿大太空署合作，于 2007 年 12 月 14 日在哈萨克斯坦拜科努尔基地发射升空，是一颗搭载 C 波段传感器的高分辨率商用雷达卫星，卫星设计寿命 7 年，而预计使用寿命可达 12 年，目前已投入运营。

RadarSat-2 具有 3 m 分辨率成像能力，多种极化方式使用户选择更为灵活，根据指令可进行左右视切换获取图像，缩短了卫星的重访周期，增加了立体数据的获取能力。另外，卫星具有强大的数据存储功能和高精度姿态测量及控制能力。

表 1.2 RadarSat-1 卫星相关成像参数

工作模式	入射角/(°)	波束位置	分辨率/m	幅宽/km×km
窄幅 ScanSAR(2 个波束位置)	20～40	SN1	50	300×300
	31～46	SN2	50	300×300
宽幅 ScanSAR	20～49	SW1	100	500×500
精细模式(5 个波束位置)	37～48	F1-F5	10	50×50
标准模式(5 个波束位置)	20～49	S1-S7	30	100×100
宽模式(3 个波束位置)	20～45	W1-W3	30	150×150
超高入射角模式(6 个波束位置)	49～59	H1-H6	25	75×75
超低入射角模式	10～23	L1	35	170×170

表 1.3 RadarSat-2 相关成像参数

波束模式	入射角/(°)	分辨率/m		幅宽/km
		方位向	距离向	
超精细	30～40	3	3	20
精细	30～50	8	8	50
标准	20～49	26	25	100
高入射角	49～60	26	18	75
宽幅	20～49	100	100	500

现在 RadarSat 卫星主要应用于防灾(洪水监测、地质灾害监测、溢油监测)、农业(农作物分类、农作物长势监测及估产)、制图(地物提取、变化监测、地图制图)、林业(森林分类、林业资源评估与监测)、水文(土壤湿度监测、沼泽地识别)和海洋(海冰类型识别、冰川监测)领域。

另外,从表 1.3 中可以看出,RadarSat 卫星的 ScanSAR 模式的幅宽约为 500 km,分辨率为 100 m。最早利用 RadarSat 卫星 ScanSAR 数据获取干涉图是在 1999 年(Bammler,1999)。

1.4.2 ENVISAT 卫星

ENVISAT 卫星是于 2002 年 3 月 1 日利用 ARIANE5 火箭发射升空,是欧空局的对地观测卫星系列之一,与太阳同步,高约 800 km,重量约为 8 140 kg,轨道倾角 98.55°,设计寿命 5～10 年,单圈时间 101 min,重访周期 35 天,如图 1.2 所示。

该卫星是欧空局迄今建造的最大环境卫星。星上载有 10 种探测设备,其中 4 种是 ERS-1/2 所载设备的改进型,所载最大设备是先进的合成孔径雷达(advanced synthetic aperture radar,ASAR),可生成海洋、海岸、极地冰冠和陆地的高质量图像,为科学家提供更高分辨率的图像来研究海洋的变化。其他设备将提供更高精度的数据，用于研究地球大气层及大气密度。作为 ERS-1/2 合成孔径雷达卫星的延续，ENVISAT 数据主要用于监视环境，即对地球表面和大气层进行连续的观测，供制图、资源勘查、气象及灾害判断之用，其各种工作模式参数见表 1.4。

图 1.2　ENVISAT 卫星

表 1.4　ENVISAT 卫星各种工作模式的参数

模式	IM	ScanSAR	GM	Wave
成像宽度/km	100	400	400	5
下行数据率/(Mbit/s)	100	100	0.9	0.9
极化方式	VV 或 HH	VV 或 HH	VV 或 HH	VV 或 HH
分辨率/m	30	150	1000	10

从表 1.4 可知，ENVISAT 卫星装载了 ScanSAR 模式。在欧洲空间局 ScanSAR 模式，亦称 WSM(wide swath mode)，又称宽幅 SAR 模式，现在许多研究成果几乎是利用 ENVISAT ScanSAR 数据来得到的，如巴姆地震等。

1.4.3　ALOS 卫星

2006 年 1 月 24 日 H-IIA 运载火箭成功发射日本地球观测卫星（advanced land observing satellite，ALOS)，该观测卫星设计寿命 3～5 年，重返周期 2 天，与太阳轨道同步，高度 691.65 km，重访周期 46 天，倾角 98.16°。ALOS 是 ADEOS 与 JERS-1 卫星的后继星，采用了先进的陆地观测技术，能够获取高分辨率全球陆地观测数据，主要应用领域为测绘、灾害监测、区域环境观测、资源调查等。ALOS 卫星载有 3 个传感器：用于数字高程测绘的全色遥感立体测绘仪(PRISM)、用于精确观测地面的可见光和近红外辐射计(AVNIR-2)，以及用于全天候监测地面的相控阵型 L 波段合成孔径雷达(PALSAR)。

PALSAR 是一主动式微波传感器,它不受云层、天气和昼夜影响,可全天候对地观测,比 JERS-1 卫星所携带的 SAR 传感器性能更优越。该传感器具有条带模式、宽幅模式和交替极化模式 3 种观测模式,表 1.5 为 PALSAR 传感器的基本参数。另外,由于 PALSAR 采用的是 L 波段,与 ENVISAT 卫星的 C 波段相比,因其波长较长,故其能监测到变形梯度更大的区域。

表 1.5 PALSAR 传感器的基本参数

模式	IM 模式		ScanSAR	AP 模式(试验)
中心频率	1 270 MHz(L 波段)			
入射角/(°)	8～60	8～60	18～43	8～30
空间分辨率/m	7～44	14～88	100	24～89
幅宽/km	40～70	40～70	250～350	20～65
线性调频宽度/MHz	28	14	14,28	14
极化方式	HH 、VV	HH+HV、VV+VH	HH 、VV	HH+HV+VH+VV

1.4.4 TerraSAR 卫星

TerraSAR-X 卫星(图 1.3)是由欧洲阿斯特留姆公司和德国航天局耗资 1.3 亿欧元联合研制的,于 2007 年 6 月 15 日在拜科努尔人造卫星发射基地利用"第聂伯"火箭发射升空,该卫星采用了合成孔径雷达技术。TerraSAR-X 卫星呈六棱形,直径 2.3 m,高 5 m,重约 1 000 kg,其中有效载荷 394 kg,高 514 km,倾角 97.4°,与太阳同步,设计寿命大于 5 年,重访周期为 11 天。卫星所提供的三维图像不仅能够提高侦察能力,而且能够把地球作为一个精确的数字地形模型来瞄准。

图 1.3 TerraSAR-X 卫星

TerraSAR-X卫星装备了一台波长为3 cm的X波段高精度合成孔径雷达，该雷达的变形监测精度比一般所使用的波长为5.7 cm的C波段雷达和波长为24 cm的L波段雷达高出很多，可收集高质量的X波段雷达数据。另外，TerraSAR-X雷达卫星具有较高的几何分辨率和辐射分辨率，可实现多极化方式观测地面，同时具有动态扫描模式和ScanSAR模式，其相关参数见表1.6。

表1.6 TerraSAR-X卫星模式及其参数

模式	入射角/(°)	宽度/km		分辨率/m	
		方位	距离	方位	距离
单极化聚束式	20～55	10	10	2.2	2.2
双极化聚束式	20～55	10	10	4.4	4.4
单极化聚束式高分辨率	20～55	5	10	1.3	1.3
双极化聚束式高分辨率	20～55	5	10	2.7	2.7
ScanSAR	20～45	150	100	13.5	13.5
单极化(IM)	20～45	50	30	3.3	3.3
双极化(IM)	20～45	50	15	6.6	6.6

TerraSAR-X的姊妹星“陆地合成孔雷达附加数字高程测量”(TanDEM-X)卫星于2010年6月21日6点14分，由俄罗斯洲际弹道导弹(ICBM)改装而成的“第聂伯”RS-20B运载火箭从拜科努尔航天中心起飞，将其成功送入预定轨道。该卫星升空后将与TerraSAR-X编队飞行。使用这个雷达成像系统后，德国能获取新一代世界范围内的地形模型——全球高精度数字地形模型。这种双卫星编队可用3年时间完成对地球陆地表面的探测和勘察，构建全球数字高程模型。由于精度高，因此可用来为德国军方提供数字高程模型。

第二颗“陆地合成孔径雷达”卫星TerraSAR-X-2在2012年发射，TerraSAR-X退役，TerraSAR-X-2将取而代之，以确保德国雷达卫星的可用性。

1.4.5 COSMOS卫星

COSMO-SkyMed系统是一个由4颗雷达卫星组成的星座，由意大利航天局和意大利国防部共同研发，能提供最高分辨率达1 m的雷达图像，且具有雷达干涉测量能力。2007年6月8日，美国“德尔它”-2火箭成功发射意大利COSMO-SkyMed卫星(图2.17)。COSMO-SkyMed卫星为近极地太阳同步轨道，倾角97.86°，每天14.812 5圈，轨道周期16天，偏心率为0.001 18，近地点90°，半长轴7 003.52 km，卫星高度619.6 km，升交点时间6:00，轨道倾角90°。该卫星主要用于地中海周边地区的险情处理、沿海地带监测和海洋污染治理，是一个军民两用的对地观测系统，能够在任何气象条件下日夜观测地球。COSMO-SkyMed获取模式如图1.5所示。

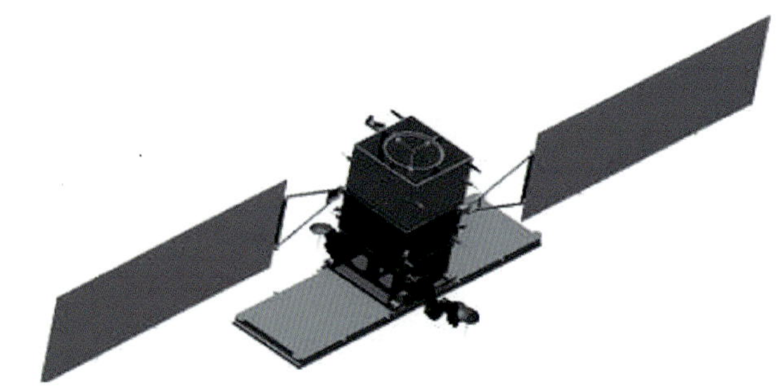

图 1.4 COSMO-SkyMed 高分辨率雷达卫星

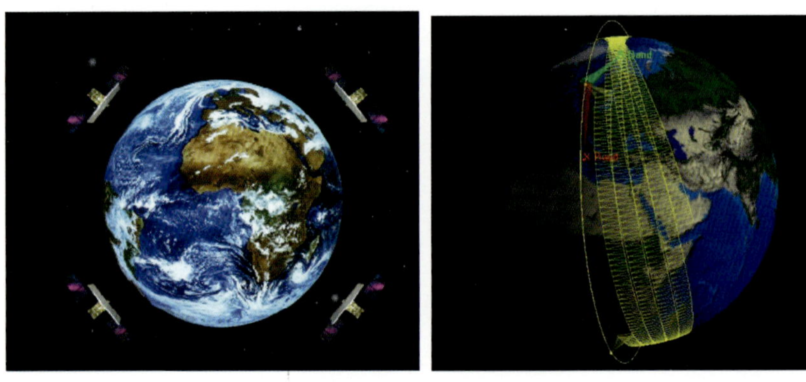

图 1.5 COSMO-SkyMed 获取模式

COSMO-SkyMed 系统将以全天候全天时对地观测的能力、卫星星座特有的高重访周期、1 m 分辨率等特点和优势为资源环境监测、灾害监测、海事管理及科学应用等相关领域的探索开辟更为广阔的道路，同时能提供多种分辨率的数据，见表 1.7。尽管现在 COSMOS 卫星的 ScanSAR 模式不能进行干涉，但在 2011 年经过调整以保证 Burst 扫描同步性后，已可进行 ScanSAR 模式的合成孔径雷达干涉测量。

表 1.7 COSMOS 卫星各种模式的成像参数

<table>
<tr><th colspan="2">成像模式</th><th>图像分辨率/m</th><th>幅宽/km</th><th>入射角/(°)</th><th>极化方式</th></tr>
<tr><td colspan="2">聚束模式(Spotlight)</td><td>1</td><td>10</td><td rowspan="5">20～60</td><td>HH、VV</td></tr>
<tr><td rowspan="2">条带模式(IM)</td><td>Himamge</td><td>3</td><td>40</td><td>HH、HV、VH、VV</td></tr>
<tr><td>Pingpong</td><td>15</td><td>30</td><td>HH/VV、HH/HV、VV/VH</td></tr>
<tr><td rowspan="2">扫描模式(ScanSAR)</td><td>Wideregion</td><td>30</td><td>100</td><td rowspan="2">HH、HV、VH、VV</td></tr>
<tr><td>Hugeregion</td><td>100</td><td>200</td></tr>
</table>

COSMO-SkyMed 现采用双星前后相(tandem)串行干涉测量模式，两颗卫星成像间隔 20 s，轨道平面相差 0.08°，这样获取的干涉像对具有很好的相干性，其所

生产的 DEM 具有较好的精度，见表 1.8。

表 1.8 COMOS 获取的 DEM 精度 单位：m

成像模式	DEM 精度			
	相对精度		绝对精度	
	水平精度	垂直精度	水平精度	垂直精度
Himage	6.32	3.82	6.38	9.7
Spotlight	2.50	1.58	4.49	9.7

1.4.6 Sentinel-1 卫星

Sentinel-1 由欧洲空间局研发，于 2014 年 4 月 3 日采用 Soyuz 火箭发射，装载 C 波段合成孔径雷达传感器，预计寿命 7 年，见图 1.6。Sentinel-1 卫星为近极地太阳同步轨道，倾角 98.18°，每天 14.583 圈，重访周期 12 天，卫星高度 693.6 km，升交点时间 6:00。

图 1.6 Sentinel-1 合成孔径雷达卫星

Sentinel-1 系统将以全天候全天时对地观测的能力、卫星星座特有的高重访周期、高分辨率等特点和优势为森林、水域、沙漠和农业土地的监测，海洋环境监测，海冰监测和海洋气候变化监测等相关领域的应用探索开辟更为广阔的道路，同时能提供多种分辨率的数据，见表 1.9。

表 1.9 Sentinel-1 卫星各种模式的成像参数

参数	干涉式宽幅模式	波束模式	条带模式	超宽模式
入射角/(°)	31～46	23～37	20～47	20～47
方位分辨率/m	20	5	5	40
地距分辨率/m	5	5	5	20

续表

参数	干涉式宽幅模式	波束模式	条带模式	超宽模式
幅宽/km	250	20×20	80	410
辐射稳定性/dB	0.5	0.5	0.5	0.5
辐射精度/dB	1	1	1	1
相位误差/(°)	5	5	5	5

§1.5 小 结

作为一种新兴的空间大地测量技术,合成孔径雷达干涉测量技术的发展无疑为地表形变变化提供了更有力的监测技术。星载宽幅 SAR 干涉测量是条带合成孔径雷达干涉测量技术的拓展,具有宽幅和重访周期短的优点,能够获取宽域形变场并发现缓慢变形。因此,研究利用宽幅 SAR 数据获取有效形变场的基本原理、方法和过程,发现并解决其干涉过程中的关键技术,为研究地球动力学和地壳板块运动提供有力的重要数据资源,为监测青藏高原各个断裂带的形变提供前所未有的技术支撑,从而使我国的防灾减灾上升到一个新的台阶,取得重大社会经济效益。

本章介绍了 SAR 和宽幅 SAR 干涉测量国内外的研究动态,阐述了目前研究存在的不足,最后介绍了具有宽幅 SAR 模式的卫星及其相关参数。

第 2 章　宽幅合成孔径雷达成像与干涉原理

§2.1　概　述

条带干涉测量模式(image mode,IM 模式,又称 Stripmap 模式)现已广泛应用于大范围地表形变监测,随着高分辨率 SAR 卫星的升空,也可应用于房屋、桥梁等建(构)筑物的变形监测。目前,大部分雷达卫星如 ENVISAT、ALOS、TerraSAR-X 和 COSMOS-SkyMed 等都具有宽幅模式,该模式具有较大的幅宽,有多个轨道可对地面同一点观测,故重访周期间隔短。以 ENVISAT 卫星为例,条带模式幅宽为 100 km×100 km,重访周期为 35 天;而宽幅模式幅宽为 405 km×405 km,则该卫星将可在 6 个轨道对地观测,其重访时间间隔约为 6 天。因此,宽幅模式对地表形变监测具有较大的应用和研究前景。

1995 年加拿大发射的 RadarSat-1 卫星率先实现了宽幅成像模式,且部分数据可用于干涉测量。ENVISAT 卫星宽幅模式其最初目的是为了大范围监测海洋洋流的变化,以及大范围植被和生态的变化等。直至 2005 年 8 月,欧洲空间局才正式向外发布其宽幅模式的 SLC 数据(包含相位信息)。当前的该数据大部分能够成功地形成干涉,它以更大的视野和较低的空间分辨率监测宽域地表形变。同时该模式数据又能与条带数据进行干涉,从而为监测地壳形变提供一个新的数据源和观测手段。

本章对宽幅 SAR 相关理论进行分析,包括宽幅 SAR 的成像机理、性能参数、几何失真和干涉流程。

§2.2　合成孔径雷达基本原理

2.2.1　合成孔径雷达成像原理

随着雷达技术的发展,合成孔径雷达已成为遥感对地观测的主要方式之一,与光学遥感相比,具有不受天气、地理和时间等条件的限制,且能提供丰富的海洋与陆地信息等特点。合成孔径天线指雷达天线接收地面同一目标反射信号的时间内所飞行的距离,其方法是通过雷达天线的运动和先进的信号处理方法来模拟一个更大的天线,从而获得高分辨率的图像,如图 2.1 所示。图中,L_S 是合成孔径雷达长度，t_2-t_0 是合成孔径雷达时间。

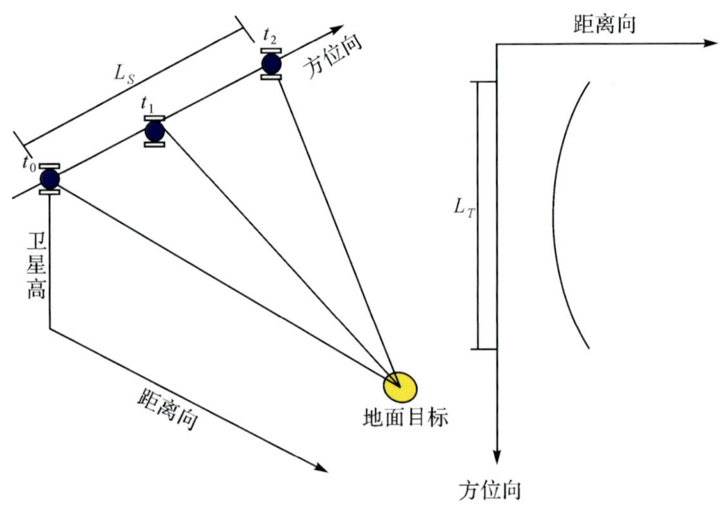

图 2.1　条带 SAR 成像的几何关系

由图 2.1 可知，SAR 卫星在沿轨道飞行时向地面发射线性调频脉冲信号，并接收由地面反射回来的信号。由于地球存在自转，卫星与地面存在相对运动，导致反射回来的信号具有多普勒频移，另外，多普勒频移表现为一个线性调频信号，其大小取决于卫星相对于地面目标相对速度的大小，像素点的空间定位主要根据雷达信号的多普勒特征和回波时间长短来确定。

SAR 卫星在方位向的高分辨率是通过合成孔径方法实现的，如图 2.2 所示，设卫星以速度 V 向前运动，由空间点 D_1 依次运动到点 D_n。显然，目标点 A 到雷达的距离 $R_i(i=1,2,\cdots,n)$ 也随之变化，见图 2.1(左)。在这个飞行过程中，目标 A 在 D_1 时进入天线视野，在 D_n 离开天线视野，卫星在空间点 D_1、D_2、…、D_n 发射相干脉冲。由于每个发射脉冲的空间点 $D_i(i=1,2,\cdots,n)$ 与目标点 A 之间的斜距不同，造成雷达在各空间点获取的回波信号相位互不相同，假设它们分别是 $-\frac{4\pi}{\lambda}r_1$、$-\frac{4\pi}{\lambda}r_2$、…、$-\frac{4\pi}{\lambda}r_n$。如果能够将各空间点的回波信号和相位进行补偿，使它们成为相同的相位：$-\frac{4\pi}{\lambda}r'_1=-\frac{4\pi}{\lambda}r'_2=\cdots=-\frac{4\pi}{\lambda}r'_n$，然后再将补偿后的雷达回波在求和点同相叠加，那么就形成了聚焦于目标 A 的合成孔径阵列，这种处理方式称为聚焦，完全聚焦的合成孔径雷达可以获得极高的方位分辨率。

由图 2.2 可以看出，所谓相位补偿实质上就是对每个空间点来说，从目标点 A 到空间点的各个回波历程必须相等，即

$$r'_1=r'_2=\cdots=r'_n \tag{2.1}$$

$$r_i' = r_i + l_i, \quad i = 1、2、\cdots、n \tag{2.2}$$

式中，l_i 为补偿值。

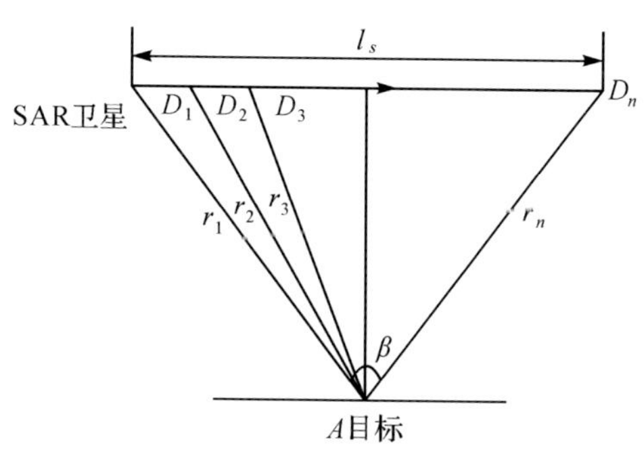

图 2.2　相位补偿示意图

SAR 图像距离向分辨率是由脉冲宽度决定的，其高分辨率应用脉冲压缩技术和线性调频信号来获得，其原理同其他测距雷达的工作原理一样。

2.2.2　SAR 信号的性质

1. 距离向模糊和方位向模糊

由于 SAR 卫星在任一时刻接收到的地面反射信号都不是来自一个目标的回波，而是同时到达 SAR 卫星所有地面目标反射的回波信号。设 SAR 卫星的观测带宽为 L，雷达的脉冲重复频率为 f_{PRF}，所有目标形成的回波经过 n 个脉冲重复周期后到达雷达，则观测带内所有的回波在脉冲重复间隔内到达雷达接收天线时，为了避免出现脉冲干扰，f_{PRF}必须满足如下条件

$$\frac{n}{2r_{\mathrm{near}}} \leqslant f_{\mathrm{PRF}} \leqslant \frac{n+1}{2r_{\mathrm{far}}} \tag{2.3}$$

式中，r_{near}和 r_{far}分别是 SAR 观测带的近斜距和远斜距。由于雷达天线的方向图存在旁瓣，故雷达天线能接收到观测带以外区域的回波信号，而这些信号能对观测区域的成像信号产生干扰而形成模糊。

在距离向，假设某区域的回波延时与观测带内目标的回波延时相位差为整数倍周期，则将形成模糊距离，产生模糊信号的那个区域即为距离模糊区。f_{PRF}对距离模糊的位置及其程度都有着决定性的作用。为减少模糊，f_{PRF}越小越好，顾及方位向的采样率，f_{PRF}不能太小，需要一个较大的值，故二者之间需要权衡。

由前述可知，模糊区的回波对 SAR 信号而言是一种干扰噪声，故需尽量减少该项干扰信号对成像区域回波信号的干扰。对距离模糊信号而言，为减少模糊信号的干扰，通过相位和幅度加权，使距离模糊区的回波信号幅度很小，而成像区的信号无较大影响。

SAR 卫星的距离向模糊度 R_ω 定义如下

$$R_\omega = \sum_{i=1}^{n} p_{0i} \Big/ \sum_{i=1}^{n} p_j \tag{2.4}$$

式中，p_{0i} 和 p_i 分别是第 i 个距离门所接收到的模糊回波信号和期望信号的功率之比。

方位向模糊是因为 SAR 卫星天线总是存在旁瓣所致。由于脉冲采样，在处理方位向旁瓣内的回波信号时，方位向旁瓣中超过多普勒带宽的信号将会计算至方位向主瓣内，这样取样后的信号频谱会对多普勒带宽内的信号产生影响，从而造成方位模糊，即方位模糊是由 SAR 卫星的合成孔径技术所引起，是无法避免的干扰。

在方位处理器的带宽 B_A 内，模糊噪声与雷达成像回波信号之比称为方位向模糊度 A_ω，可由下式决定

$$A_\omega = \frac{\sum\limits_{\substack{m=-\infty \\ m\neq 0}}^{\infty} \int_{-\frac{B_A}{2}}^{\frac{B_A}{2}} c^2(f + m \cdot f_A)\mathrm{d}f}{\int_{-\frac{B_A}{2}}^{\frac{B_A}{2}} G^2(f)\mathrm{d}f} \tag{2.5}$$

式中，$G(\cdot)$是雷达天线方位向方向图(魏钟铨，2001)。

2. 多普勒频率与距离徙动

从上述可知，合成孔径雷达技术是利用地面目标与传感器的相对运动来合成一个更大的虚拟天线从而提高 SAR 的分辨率，但同时由于相对运动而导致回波信号经历多普勒频移。虽然与脉冲带宽相比，多普勒频移很小，50～60 Hz，但是沿方位向观测时，多普勒频移就不可忽略不计。多普勒中心即平均多普勒频移，是 SAR 信号的一个重要参数，主要包括多普勒模糊和小数 PRF 部分。小数 PRF 部分表征了卷绕到基带内的频谱峰值位置。

距离徙动(range cell migration，RCM)是 SAR 信号的另一个特性，其产生原因是当 SAR 卫星扫描目标时，瞬时斜距随方位时间而改变，其瞬时斜距可表示为

$$r^2(t) = r_0^2 + (vt)^2 \tag{2.6}$$

式中，r^0 表示雷达离目标最近时的距离；v 是 SAR 卫星飞行速度。

式(2.6)表明，在信号存储器中，地面目标在扫描时间内的目标轨迹存在于不同的距离门，如图 2.1(左)所示。

2.2.3 SAR 成像的几何特点

在理想平面的条件下，由于地面距离与 SAR 径向距离有单调变化的关系，故 SAR 成像能较好地反映地形地物之间的关系，但当扫描区域中有高程起伏，尤其是地面倾角与雷达天线的入射角可以比拟时，会产生成像结果与实际情况的失真。

1. 透视收缩

如图 2.3(a)所示,在观测区域中有一块坡地 ABC,由于地形变化,导致 SAR 坐标系中的 SAR 数据长度 $A'B'$ 与原地面长度的比例存在明显不同,即迎坡($0<\alpha<\theta$)缩短,而背坡($-\theta<\beta<0$)拉长,这种现象称为透视收缩。透视收缩对所观测 SAR 强度图像有强烈的影响,图像上透视收缩区域更亮,因为分辨率单元尺寸(和其后向散射的功率)更大且入射角更陡。如果坡地满足条件 $\alpha=\theta$,即雷达射线与地面垂直,则会有相当长的一段坡面成像于 SAR 数据上的一点,即在所成的图像纵坐标里整个迎坡缩短为一个像元,这种将不同地形点叠加在同一个像元的现象,称为层叠。层叠是透视收缩的一种特殊情况。

2. 顶底倒置

如图 2.3(b)所示,当地形 ABC 满足条件 $\alpha>\theta$ 时,如陡峭的坡地,建(构)筑物等,成像后两个散射体像元 $A'B'$ 与实地两个目标的顺序相反,这种散射体以相反的顺序成像而且于其他区域散射体的贡献叠加,这种现象称为顶底倒置。

3. 阴影

如图 2.3(c)所示,当背坡满足条件 $\beta\leqslant\frac{\pi}{2}-\theta$ 时,即 C 点不能被 SAR 卫星观测,在 SAR 图像上变现为黑色的空缺,这种现象称为阴影。

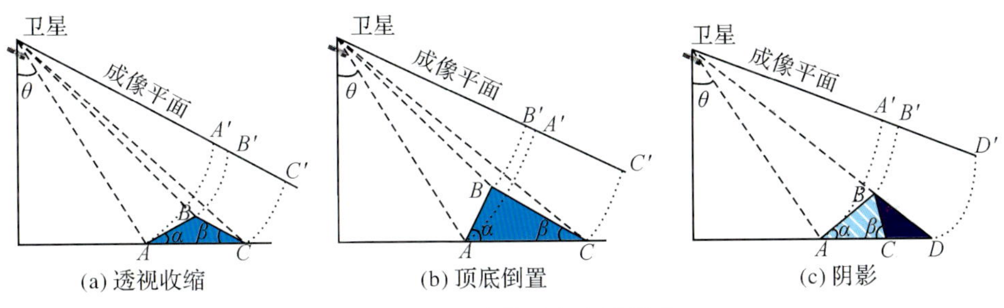

图 2.3　SAR 成像几何变形示意

2.2.4　SAR 的性能指标

1. 重返观测周期

重返观测周期是指卫星以相同的成像几何对地面目标两次扫描的时间间隔,重访观测周期是指卫星对地面连续观测两次,但不一定是相同成像几何的时间间隔。显然,重返观测周期比重访周期要长,但在合成孔径雷达干涉测量中,重返观测周期是一个很重要的指标,它影响着对地面信息的采样间隔,重返观测周期越短,越能及时捕获地面的变化信息。卫星的重返观测周期依赖于轨道设计和观测带大小。轨道设计时受到观测范围、观测带宽度、轨道类型、卫星供电方式和能力、卫星寿命和轨道允许的飘移量等因素的约束，增加可视有效观测带是缩短重复观测周期的有效措施，只是受到模糊度和空间分辨率的限制。

2. 分辨率与观测带宽

对一个SAR卫星而言，重要性能指标是分辨率（包括空间分辨率和辐射分辨率）和观测带宽。如果人们想利用SAR卫星来监测线状地物如铁路、高速公路、输油管线、大坝等，必须利用高分辨率的SAR数据。然而，为了地震、火山、板块运动等动力学机制研究，需要较宽的观测带，由于分辨率与观测带宽二者之间存在一定的制约关系，故需根据研究目标来选择SAR数据。

所谓空间分辨率是指星载或机载SAR卫星可以分辨两个相邻地面目标之间距离的能力。为了使卫星达到设计所要求的空间分辨率，必须具备获取和处理距离向和方位向信息的能力。在距离向主要是鉴别斜距向双程传播时延的能力，在方位向主要是利用合成孔径和成像处理技术来实现。

1）距离向的分辨率

脉冲雷达的距离（range）分辨率直接与发射雷达的脉冲长度有关，脉冲长度越短，距离分辨率就越高。雷达信号的脉冲长度是微波信号的物理长度，为光速（c）和发射持续时间（τ）的乘积。这里的发射持续时间单位是微秒，范围在0.4～1.0 μs。在正常发射脉冲的范围内，脉冲长度（$c\tau$）在8～210 m范围内。由于脉冲长度的减小，照射目标的总能量也随之降低，因此不使用短脉冲。尽管短脉冲会增大距离分辨率，但信号太弱，难以被记录下来。

距离向接收信号与发射脉冲一样是调频信号。通过脉冲压缩，可得到较高分辨率。在时间量纲下（单位：s），斜距分辨率由信号带宽决定（卡明，2007），即

$$\Delta r_R = 0.886\,\frac{c}{2f_B} \tag{2.7}$$

式中，f_B 是距离带宽（Hz）；c 为光速。

人们通常对地面分辨率 Δr_E 比对斜距分辨率 Δr_R 更感兴趣，地面距离分辨率恰好是斜距分辨率除以 $\sin\theta$，即

$$\Delta r_E = \frac{\Delta r_R}{\sin\theta} = \frac{0.886c}{2f_B\sin\theta} \tag{2.8}$$

由式（2.8）可知，地面距离分辨率低于对应的斜距分辨率。地面分辨率取决于雷达发射脉冲的宽度，要提高地面距离分辨率就要缩短脉冲宽度 τ_P。雷达作用距离取决于发射机的平均功率而不取决于峰值功率，因此，单纯缩短发射脉冲宽度 τ_P 就会影响雷达作用距离。提高雷达距离分辨率的有效途径是在距离向进行脉冲压缩。

2）方位向分辨率

SAR方位向分辨率由方位向波束宽度决定，方位向波束宽度 β_k 由雷达波长 λ

和天线长度或天线孔径长 d 决定，即

$$\beta_h=\frac{\lambda}{d} \tag{2.9}$$

合成孔径是指目标在雷达波束照射期间传感器所经过的路径长度，可表示为

$$L_a=\beta_h \cdot R_o \tag{2.10}$$

式中，R_o 为波束中心线对应的斜距。则

$$L_a=\frac{\lambda}{d} \cdot R_o \tag{2.11}$$

对于长度为 L_a 的合成孔径天线，并考虑双程距离的影响，其波束宽度为

$$\beta=\frac{\lambda}{2L_a}=\frac{D_a}{2R_o} \tag{2.12}$$

对应的地面分辨率为

$$r_a=\beta \cdot R_o=\frac{d}{2} \tag{2.13}$$

式(2.13)表明，SAR 在地面的最佳方位分辨率为实际天线尺寸的一半，并与斜距 R 无关。这与真实孔径天线方位分辨率的概念相反，在这里实际天线孔径越小越好，目标受到 SAR 天线照射的时间越长，最大合成孔径就越大，而 SAR 分辨率也就越高。

观测带宽度指 SAR 卫星天线距离向波束所照射的、满足图像质量要求的扫描地域宽度，在 SAR 天线波束指向固定的卫星运行模式下，地面回波信号将被相应的数据录取窗口录取，一般为 10～100 km。为了研究宽域的地面形变，则需采取其他扫描模式(如宽幅模式)来获取宽观测带。由于 SAR 卫星波束方向能量一定，故观测带宽与分辨率存在一定的反比例关系。

3. 频率与极化

SAR 卫星的另一个关键性能指标是频率，其不但影响着 SAR 卫星的系统设计，还决定着获取地面信息的类别和能力。频率选择需考虑大气传输窗口。众所周知，SAR 卫星信号穿过电离层和对流层时会产生极化旋转、损耗和相位失真等现象，从而导致 SAR 图像出现误差，不能有效监测地面目标的变化。电离层自由电子具有明显的吸收衰减是对 1 GHz 以上的电磁波，水分子对 21 GHz 频率以上的信号有一个吸收峰值，氧分子在 60 GHz 频率上有一个尖锐的吸收峰值，二氧化碳对 300 GHz 以上的信号有强烈的吸收。因此，SAR 卫星频率适应在 1 GHz～15 GHz范围，但高频易导致大气衰减和假回波，因此现在的 SAR 卫星工作波段适宜在 P 至 Ku 波段之间，国外已采用 L、S、C、X 波段，如 ENVISAT 卫星采用 C 波段，日本 ALOS 卫星采用的是 L 波段。

利用 SAR 卫星获取地面信息，是利用被观测区域的后向散射系数来实现的。

合成孔径雷达干涉测量技术在监测地表形变时，不同的频率（波长）对地面形变的监测能力与形变敏感度也不一样。当相邻像元的变形量超过 π 弧度时，则该区域在相干图上表现为纯噪声。图 2.4 为同一地区不同波段的相干图比较。其中图 2.4（左）为 ALOS 卫星 L 波段的相干图，图 2.4（右）为欧洲空间局 ENVISAT 卫星 C 波段的相干图。从图 2.4 中可以看出，虽然这两个相干图像的扫描时间和干涉基线不同导致相干性稍有不同，但是 C 波段的波长较 L 波段短是导致地震带非相干的主要原因。

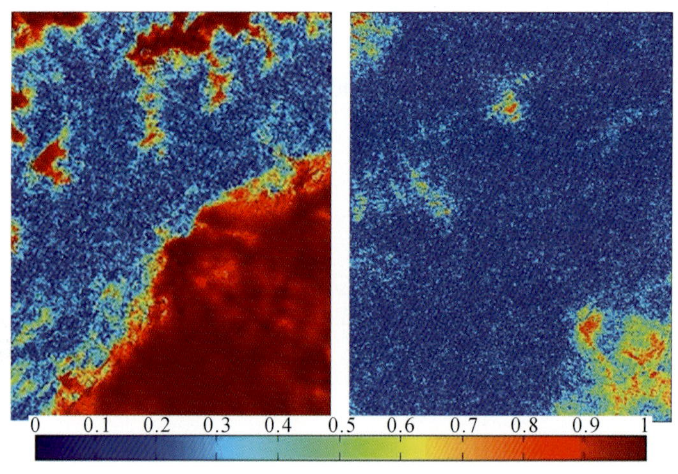

图 2.4　L 波段与 C 波段相干图对比

极化也是重要的性能指标，指电磁波电场矢量在一个振荡周期内的空间方向。现在各种 SAR 卫星的主要极化方式有 HH、VV、HV 等方式，不同的极化方式地物的后向散射系数和相位特性都不同，故不同的极化方式不能用于干涉测量。但是对于遥感而言，极化是其他遥感信息的载体，不同的极化方式，即使同一地物和入射角，其图像强弱和色调也不一样，因此利用极化方式获取信息可导致信息量增加，从而提高识别目标的准确度。

§2.3　宽幅合成孔径雷达基本理论

2.3.1　宽幅合成孔径雷达成像原理

SAR 卫星采用宽幅模式进行扫描，其特点是在相邻几个子测绘带之间共享合成孔径时间，以方位分辨率的降低为代价，从而实现测绘带宽度增大。它是在若干个不同天线波束之间合理分配成像时间，以得到全部组合观测带的连续雷达图像。对每个波束位置所能接收到的回波脉冲串进行处理便能形成相应子观测带内的合成孔径图像。当星载宽幅合成孔径雷达采用多个波束扫描的方式进行成像时，在每个波束上，天线都要驻留固定的时间来发射和接收一系列的脉冲串，这一系列脉冲称作 Burst。

宽幅 SAR 几何成像原理如图 2.5 所示，图 2.5 中给出了 5 个子条带的相互关系，其中草绿色区域指的是 Burst 用 1～11 表示，T_f 为合成孔径时间，T_d 为驻留时间，T_r 为回归时间。每个 Burst 在方位向都分成 3 个区域，中间的填充部分是成像的有效区域，两边的白色部分是信息不完全区域，在成像结果中舍去。其中第 1、6 和 11 个 Burst 位于第 1 个子条带中，第 2 和 7 个 Burst 位于第 2 个子条带中。在 ScanSAR 成像中，不仅同一子测绘带相邻的 Burst 在方位向都有一定的重叠，而且相邻子测绘带在距离向也有一定的重叠，其原因是便于成像结果的拼接。

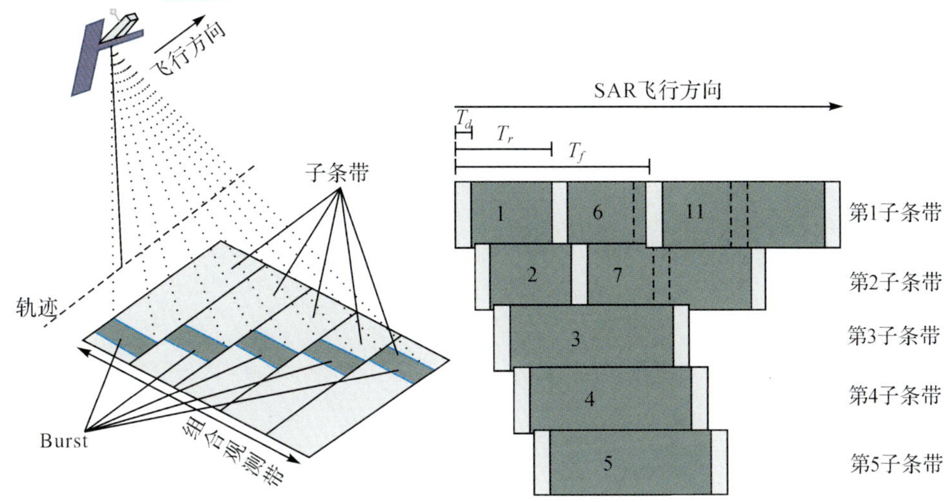

图 2.5　星载宽幅合成孔径雷达几何成像原理

如图 2.5 所示，星载宽幅合成孔径雷达的工作过程分为两个相关的部分，即发射接收方式和波束切换方式，两种方式交替工作，而条带工作模式始终是发射接收方式。对于星载宽幅模式而言，合成雷达天线的扫描顺序是：

(1)发射和接收波束 1 的脉冲序列。

(2)等待所有尚在传播中的波束 1 的脉冲序列，一般为 7～9 个 PRF 时间。

(3)将天线切换到波束 2，再次进行脉冲序列的发射和接收。

(4)发射和接收波束 2 的脉冲序列。

(5)重复步骤(1)～(4)，直至成像场景的数据都收集完毕。

欲实现宽幅工作模式，其合成孔径雷达卫星须具备三项关键技术：

(1)质量优良的相控阵天线：为了利用宽幅模式获取宽测绘带，必须保证质量优良的相控阵天线，其原因是雷达天线波束在距离向须可靠地对各个子条带进行程控式扫描，波位切换速度要求非常高，能使每一个天线波位都要满足距离和方位模糊的区别。

(2)脉冲重复频率和接收机增益快速切换的控制：采用宽幅模式监测地面时，由于近地距和远地距相差大，说明雷达电磁波信号能量在到达地面时也相差很大，导致图像近地端和远地端的图像强度不一致。为了保证各个子条带图像的一致性，则必须根据设计宽度来调整 SAR 的脉冲重复频率和接收机增益，同时这种程度切换必须与波位切换保持同步性。

(3)信号时序及相应的成像处理理论方法：尽管利用宽幅模式所得到的回波信号数据在空间维上连续，但是在时间维上不连续，故需根据适合于信号时序处理的成像算法来处理其回波信号数据(魏钟铨，2001)。

图 2.6 是宽幅模式与条带模式对地面进行成像的对比，图 2.7 是宽幅模式与条带模式的信号强度和多普勒历程的对比。从图 2.6 和图 2.7 可以看出，条带式的信号多普勒历程是连续的，即其相位是衔接的，而宽幅模式多个子条带共享合成孔径，导致其在时间上不连续，每个波位回波信号数据块的相位信息互不相关，其多普勒历程也不连续。由于这些不同点，决定了星载合成孔径雷达宽幅模式的信号时序和信号结构有严格的形式和限制，以保证 Burst 块之间的衔接。

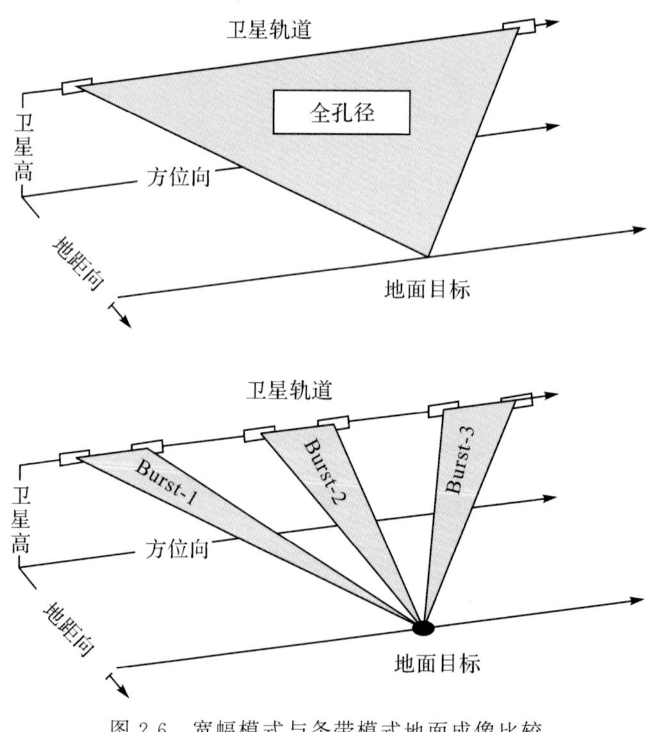

图 2.6 宽幅模式与条带模式地面成像比较

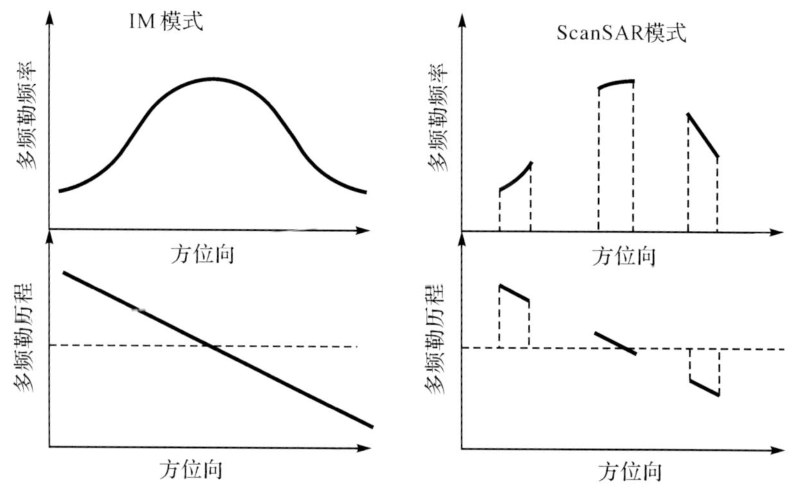

图 2.7　宽幅模式与条带模式的信号强度和多普勒历程

2.3.2　宽幅合成孔径雷达成像参数

宽幅 SAR 与条带模式相比，不同的成像参数主要包括以下几个。

1. 波束切换时间

SAR 卫星相控阵天线技术决定了波束切换时间长短，为保证天线波位能快速切换到下一个子观测带而不发生空间覆盖缺失，波束切换要足够短。由于有这一时间间隔，使相邻的子观测带之间的信号不相干，而现有的技术能保证波束切换时间足够短。

2. Burst 驻留时间

波束每次在每个子观测带内的驻留时间是 SAR 卫星在子观测带内一次连续成像的时间，也称为 Burst 驻留时间。为了保证子观测带内在方位向上相邻的 Burst 之间的拼接，必须满足

$$T_f \geqslant \sum_{i=1}^{N_B}(T_{d_i} + T_C) \tag{2.14}$$

式中，T_f 为合成孔径雷达时间；N_B 为子观测带数；T_{d_i} 为 Burst 驻留时间；T_C 为波束切换时间。

3. 子观测带数

在宽幅模式中，子观测带数取决于 SAR 天线的波束宽度和所要求的总观测带宽，如果不考虑子观测带间的重叠，则

$$S_W = \sum_{i=1}^{N_B} S_i \tag{2.15}$$

式中，S_i（$i=1$、2、…、n，n 是子条带数）为相应子条带的宽度。

4. 脉冲重复频率

脉冲重复频率是星载 SAR 的重要参数，距离模糊和方位向模糊的限制条件使脉冲重复频率必须在一定范围内选择。但对 ScanSAR 成像模式而言，由于子观测单独成像，必须在子观测带内按条带式进行选择脉冲重复频率，故 ScanSAR 的脉冲重复频率选择更为复杂。

5. 接收机增益

宽幅 SAR 工作模式的总观测范围较宽，观测区域近端和远端的 SAR 卫星对地视距相差很大。由于 SAR 卫星发射功率固定，导致观测区域近端和远端回波信号的强度相差较大。为了保证整幅图像的质量，在反射功率足够的条件下，每个子观测带的接收机增益需加以调整，尽可能使各子观测带回波信号的相对强度变化小。接收机增益的调整通过调整接收机中的数字衰减器实现，要求数字衰减器调整速度与波束切换时间同步。

6. 脉冲线性调频带宽

对于条带模式而言，其观测带一般小于 100 km，地距分辨率在这个范围内变化不大，但对于星载宽幅合成孔径雷达而言，其观测带一般是条带模式宽度的好几倍，如果各子观测带的脉冲线性调频带宽保持不变，则整幅 SAR 图像的地距分辨率变化较大，从而使图像的分辨率不一致。

为了保证整幅图像的地距分辨率一致性，需要调整各子观测带的脉冲线性调频带宽，这将导致调频带宽线性变化，使得距离分辨率的连续性受到破坏，影响子观测带间的拼接，从而不利于完成整幅图像的高质量拼接。

同一个子条带扫描时间是非连续的，而条带模式是连续性的，故其成像参数也不同，详见表 2.1。另外，在宽幅模式成像中，决定 Burst 数据的 3 个最重要参数是脉冲重复频率(PRF)、Burst 数据行数和 SAR 带宽，这 3 个参数各个子条带也不同，详见表 2.1。表 2.1 中 ENVISAT 卫星的 ScanSAR 参数来自于 2008 年 1 月 25 日汶川地区的数据。ENVISAT 的条带模式参数来源于 2007 年 8 月 6 日的数据，ALOS 数据同样来自四川汶川地区 2007 年 6 月 20 日的数据。从表 2.1 中可以看出，不仅模式之间的参数不同，而且 ScanSAR 的各个子条带成像参数也不同。

表 2.1 不同模式不同卫星的成像参数比较

参数 \ 传感器	ENVISAT ScanSAR 各个子条带					ENVISAT IM 模式(IS2)	ALOS
	SS1	SS2	SS3	SS4	SS5		
PRF/Hz	1 684.8	2 102.4	1 692.6	2 080.55	1 707.04	1 652.415 65	2 159.827 2
Burst 长度(脉冲数)	47	47	47	47	47		
距离带宽/MHz	14.75	12.86	10.48	9.54	8.48	16	14

续表

参数＼传感器	ENVISAT ScanSAR 各个子条带					ENVISAT IM 模式(IS2)	ALOS
	SS1	SS2	SS3	SS4	SS5		
方位带宽/Hz	63.42	62.82	62.99	63.40	62.63	1 316	1 727.8
雷达频率/GHz	5.331	5.331	5.331	5.331	5.331	5.331	1.27
视角/(°)	21.87	28.82	33.63	37.52	40.9	22.800 7	38.733 6
带宽/km	106	86	105	86	101	90	70
接收机增益/dB	33.852 2	32.564 8	32.587 5	31.268 8	31.564 8	24	24
Burst 行数	50	65	55	71	60		
重访周期/s	0.192 010 3						

2.3.3　宽幅 SAR 模式的性能分析

1. 幅宽与重访周期

现在许多卫星采用宽幅模式的根本目的是利用条带模式或聚束模式获得高分辨率图像的同时，能够以 Burst 模式获取宽幅低分辨率的图像，如 ENVISAT 卫星的宽幅模式幅宽约为 400 km，RadarSat 卫星的幅宽约为 500 km。当利用宽幅模式获取地面信息时，观测带宽度是最重要的因素，而其分辨率成为较次要的指标。观测带宽意味着能捕获连续变化的地面信息，尤其是地震和板块运动等。图 2.8 是汶川地区的 ENVISAT 卫星宽幅和条带模式覆盖范围的比较，宽幅模式图像面积约为 160 000 km^2，几乎覆盖了汶川地震的变形区，而其条带模式面积约为 10 000 km^2，远不能覆盖汶川地震的形变区。

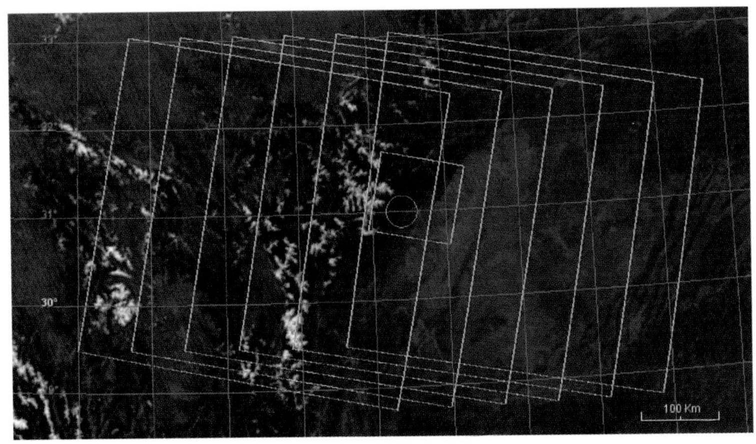

图 2.8　汶川地区宽幅和条带模式覆盖范围和重访次数比较

注：圆圈代表震源区，小方框代表 IM 模式成像区，大方框代表 ScanSAR 模式成像区。

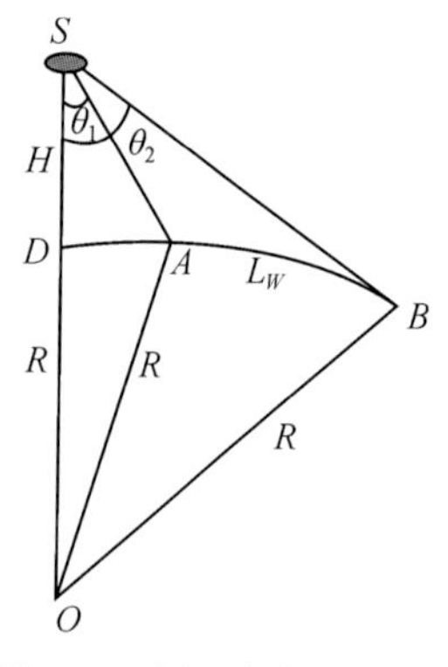

图 2.9　宽幅覆盖范围计算示意图

ScanSAR 覆盖范围可根据图 2.9 计算。

如图 2.9 所示，O 是地球质心；H 是 SAR 卫星高度；R 是地球半径；θ_1、θ_2 分别是 ScanSAR 扫描地面时的近端和远端入射角；$\overset{\frown}{AB}$ 的长度 L_W 是整个观测带宽度。

根据图 2.9 和正弦原理，$\overset{\frown}{DA}$ 所对应的圆心角为

$$\angle DOA = \arcsin\frac{(R+H)\sin\theta_1}{R} - \theta_1 \tag{2.16}$$

$\overset{\frown}{DB}$ 所对应的圆心角为

$$\angle DOB = \arcsin\frac{(R+H)\sin\theta_2}{R} - \theta_2 \tag{2.17}$$

则观测带弧 $\overset{\frown}{AB}$ 所对应的圆心角为

$$\angle AOB = \angle DOA - \angle DOB \tag{2.18}$$

故 ScanSAR 模式下知道近端和远端入射角后，便可知其整个观测带宽度为

$$L_W = R \times \angle AOB \tag{2.19}$$

对于地面上的某一点，在一个扫描周期即重返周期中，星载宽幅合成孔径雷达能够以不同入射角多次对该点进行扫描，而条带 SAR 则只能用相同入射角扫描一次，这是由宽幅模式下的扫描入射角范围较大所致，其重访周期可用下式计算。

$$\Delta t = \frac{40 \times 10^6 \times \cos B}{2\Delta R n_r} \tag{2.20}$$

式中，n_r 为 SAR 每天扫描的轨道数；ΔR 为宽幅 SAR 的扫描宽度；B 为扫描区域的纬度。例如，对 ASAR 传感器而言，$\Delta R \approx 400$ km ，$n_r = 501/35$，则根据式(2.20)可计算出不同纬度在一周期内的扫描次数，详见表 2.2 和图 2.8。图 2.8 中为汶川地区(纬度约 31°，经度约 104°)在一个周期内被扫描的情况，由图 2.8 可以看出，相比传统条带 SAR 而言，地面目标点的重访周期要短很多。

表 2.2　EVNISAT 卫星宽幅模式对不同纬度的重访时间间隔

纬度/(°)	0～30	30～55	>75
重访时间/天	5～7	2～5	<2

2.分辨率

星载宽幅合成孔径雷达是通过牺牲方位向分辨率的方法来获取较大的幅宽，与条带模式相比，其方位分辨率较低，且由下式决定

$$\delta_{\text{azimuth}} = \frac{V_g}{BW_{\text{Burst}}} \approx \frac{V_s}{BW_{\text{Burst}}} = \frac{V_s}{fT_d} \tag{2.21}$$

式中，V_g 是雷达波束脚印速度；V_s 是 SAR 卫星速度；BW_{Burst} 是一个 Burst 的方位

带宽。从式(2.21)可以看出，宽幅 SAR 方位分辨率与条带 SAR 分辨率不一样，其主要取决于 Burst 的驻留时间 $T_d = N_B T_S$(其中 N_B 一个 Burst 中包含的脉冲数，$T_s = 1/PRF$)，表 2.3 是各个卫星的条带和宽幅模式的分辨率比较。

表 2.3　各个卫星条带和宽幅模式的分辨率比较

卫星名称	重访周期/天	卫星高度/km	卫星数目/颗	发射时间	分辨率/m		幅宽/km	
					WSM	IM	WSM	IM
RadarSat	24	796	1	1995	100	30	500	100
ENVISAT	35	800	1	2002	150	30	405	100
TerraSAR-X	11	514.8	1	2007	16	3	100	30
COSMO-SkyMed	16	619.6	4	2007	20	1	100	40

距离向分辨率，就宽幅模式的 Burst 数据块而言，因为与 IM 模式的成像原理相同且距离向带宽相差无几，故其距离向分辨率与 IM 模式一样，由式(2.8)决定。另外宽幅 SAR 方位分辨率较差，因此为了降低图像噪声又不影响整个图像的分辨率，可采用距离向多视处理，这样既能使距离向和方位向分辨率保持匹配，又可抑制斑点噪声，从而提高图像信噪比。

3. 模糊度

由上述可知，星载宽幅合成孔径雷达通过降低方位向分辨率来增加观测带宽度，导致其成像与条带成像几何原理不同，而使各个子条带成像参数也不同，不同的子观测带的模糊度也不同。因此，星载宽幅合成孔径雷达的距离向和方位向模糊度处理要分别针对各个子观测带进行。除此之外，宽幅 SAR 方位模糊度的计算不仅要针对每个子观测带进行，而且由于方位向上的目标多普勒历程也不连续，故宽幅 SAR 方位模糊度的计算需要按 Burst 块来进行。

宽幅模式的方位向模糊度随方位向变化，不同方位段的方位模糊度也不同。但对于整幅图像而言，由于信号能量分布于整个多普勒频率区，因此整个图像的平均方位模糊度与条带式相比变化不大，若宽幅模式采用与条带式相同的系统信号参数，则宽幅模式的距离模糊度与条带式基本相同。宽幅 SAR 工作模式中各子观测带之间切换时会造成脉冲丢失，在进入下一个子观测带时将形成附加的模糊信号，这是宽幅 SAR 工作模式与条带式在模糊度上的主要区别。

4. 距离徙动

宽幅模式与条带不同，对于 Burst 数据块而言，由于在驻留时间内 SAR 卫星飞行距离短，故其距离徙动是可忽略不计的。

2.3.4　宽幅合成孔径雷达数据特点

1. 数据格式

宽幅 SAR 数据有 LEVEL 0、LEVEL 1 等产品，以 ENVISAT 卫星数据为例，

ENVISAT 卫星 SAR 数据的文件结构如图 2.10(左)所示,具体参数可由欧洲空间局提供的 NEST 查阅(http://www.array.ca/nest),相应强度图如图 2.10(右)所示,而其 LEVEL 0 数据结构只包括 MPH、SPH 和 ASAR-SOURCE-PACKAGE 三部分。

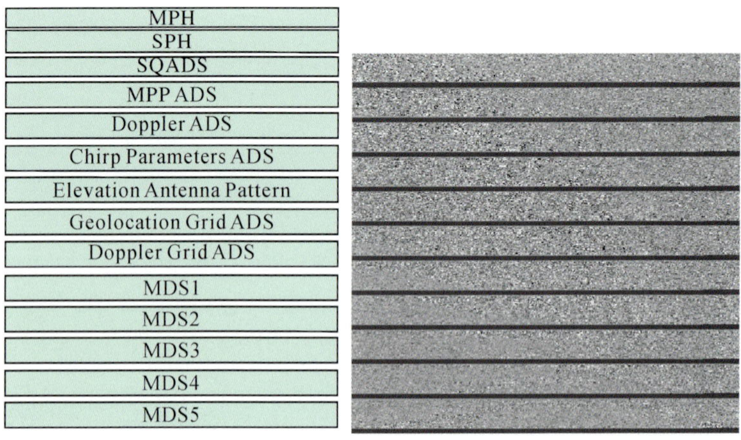

图 2.10 WSS 产品格式和 SLC 图像强度

2. 成像几何畸变

图 2.11 是巴姆地区的宽幅 SAR 与条带 SAR 强度图像,从图 2.11 中可以看出,ScanSAR 强度图像在远地距层叠与阴影现象严重,SAR 在山区成像时易产生几何变形,在面向 SAR 卫星的坡地表现为明亮,同时入射角越小,则该扫描区的 SAR 图像强度越大,阴影区越少,反之亦然。

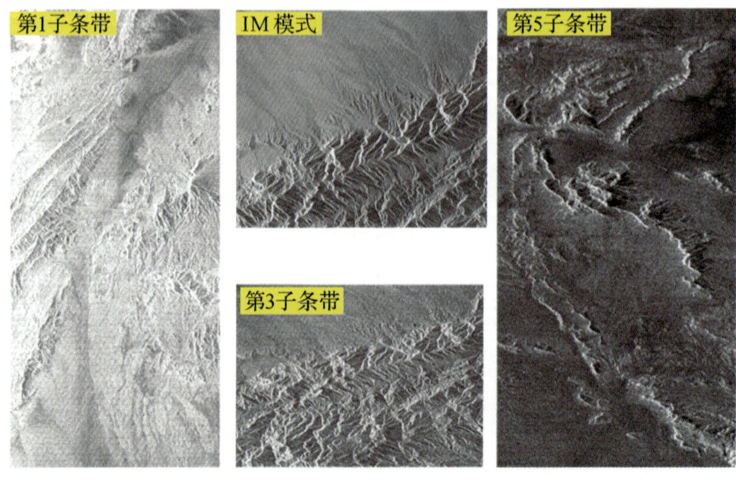

图 2.11 宽幅 SAR 与条带模式成像几何畸变比较

3. 多普勒历程

由前所述，星载宽幅合成孔径雷达的子条带观测是非连续的，呈周期性，条带模式观测是连续性的，因此宽幅模式的多普勒历程与条带模式也不一样，其表现为不连续，故在拼接宽幅 SAR 数据时，需考虑多普勒历程，以保证图像的相干性和分辨率。

§2.4　宽幅合成孔径雷达干涉测量

2.4.1　宽幅合成孔径雷达干涉的坐标系统

1. 站心坐标系

在利用合成孔径干涉测量技术获得地面某目标的变形量时，需要将其变形量转换至站心坐标系进行比较分析。站心坐标系可分为法线站心坐标系和垂线站心坐标系。垂线站心坐标系是以地面兴趣点为原点，该点的垂线为 Z 轴(指向天顶为正)，子午线方向为 X 轴(向北为正)，Y 轴与 Z 和 X 轴垂直(向东为正)构成左手坐标系。法线站心坐标系与垂线站心坐标系的区别是 Z 轴是兴趣点的法线方向(指向天顶为正)而不是垂线方向，其余完全相同。

2. TCN 坐标系

TCN(track cross-track normal)坐标系是以 SAR 卫星为坐标原点，SAR 卫星的飞行方向为 t 方向，SAR 卫星至地心的连线方向为 n 方向，其方向矢量定义如下

$$\hat{\boldsymbol{n}} = \frac{-\boldsymbol{p}}{|\boldsymbol{p}|} \tag{2.22}$$

$$\hat{\boldsymbol{c}} = \frac{\hat{\boldsymbol{n}} \times \boldsymbol{v}}{|\hat{\boldsymbol{n}} \times \boldsymbol{v}|} \tag{2.23}$$

$$\hat{\boldsymbol{t}} = \hat{\boldsymbol{c}} \times \hat{\boldsymbol{n}} \tag{2.24}$$

3. SAR 坐标系

SAR 坐标系是以斜距向和方位向分别作为坐标轴，由于方位频率等同于多普勒频率，故又称距离多普勒坐标系。SAR 信号或 SAR 图像都是以 SAR 坐标系进行存储和处理的。

4. UTM 坐标系

通用横轴墨卡托投影(universal transverse Mercator projection，UTM)属于横轴等角割圆柱投影，其投影条件几乎与高斯投影相同，所不同的是中央经线投影长度比不等于 1 而是 0.999 6，投影后两条割线没有变形，其平面坐标系与高斯平面直角坐标系相同，与高斯投影坐标有一个比例关系，故又称 $m=0.99$ 的高斯投

影。该投影由美国军事测绘局于1938年提出,1945年被采用,现已被许多国家、地区作为地形图和大地测量的基础。

5. WGS-84坐标系

WGS-84(World Geodetic System 1984)坐标系是GPS定位测量中所采用的协议地球坐标系,由美国国防制图局在20世纪80年代中期建立,1987年取代WGS-72。WGS-84的Z轴与IERS参考极(IERS reference pole,IRP)指向相同,该指向与历元1984.0的BIH协议地极(conventions terrestrial pole,CTP)一致;X轴指向IERS参考子午线(IRM-IERS reference meridian)与通过原点并垂直于Z轴的平面的交点,IRM与在历元1984时的BIH零子午线(BIH zero meridian)一致;Y轴最终完成右手地心地固正交坐标系。原点位于包括海洋和大气在内的整个地球的质心,尺度的定义在局部地球框架下遵守相对论原理,定向最初由国际时间局(BIH)1984.0的定向给定,其定向中的时变不会使地壳产生残余的全球性旋转。

2.4.2 宽幅合成孔径雷达干涉测量原理

星载宽幅SAR干涉测量是合成孔径雷达干涉测量的拓展,因其幅宽重访周期短的优点而受到广泛的关注,成为研究热点。

ScanSAR干涉测量,除了幅宽必须考虑地球曲率的影响外,在Burst数据块内其干涉测量原理与条带SAR干涉基本相同。

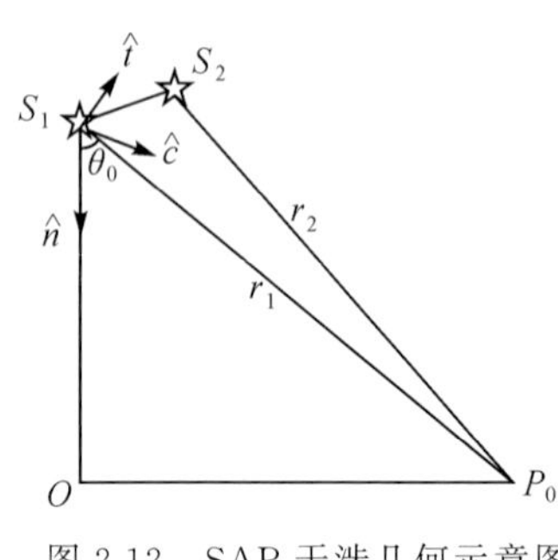

图2.12 SAR干涉几何示意图

如图2.12所示,S_1和S_2为两副天线;r_1和r_2分别为两副天线至地面目标P的距离。为了得到两次扫描时的干涉相位,可在TCN坐标系进行分析。

根据图2.12,SAR卫星第一次对地面目标P扫描的位置S_1到P的矢量$\boldsymbol{r}_1$在TCN坐标系下可表示为

$$\boldsymbol{r}_1 = -r_1\sin\theta_0\hat{\boldsymbol{c}} - r_1\cos\theta_0\hat{\boldsymbol{n}} \tag{2.25}$$

两次扫描时的SAR卫星之间的基线矢量$\boldsymbol{B}$可表示为

$$\boldsymbol{B} = -B_c\hat{\boldsymbol{c}} - B_n\hat{\boldsymbol{n}} \tag{2.26}$$

则平行基线$B_{/\!/}$为

$$B_{/\!/} = \hat{\boldsymbol{r}}_1 \cdot \boldsymbol{B} = B_c\sin\theta_0 + B_n\cos\theta_0 \tag{2.27}$$

又设$\hat{\boldsymbol{g}}$垂直于视线向,其定义如下

$$\hat{\boldsymbol{g}} = \hat{\boldsymbol{r}}_1 \times \hat{\boldsymbol{t}} = -\cos\theta_0\hat{\boldsymbol{c}} + \sin\theta_0\hat{\boldsymbol{n}} \tag{2.28}$$

利用 $\hat{\boldsymbol{g}}$，则垂直基线 $B_{\perp}$ 为

$$B_{\perp}=\hat{\boldsymbol{g}}\cdot\boldsymbol{B}=B_c\cos\theta_0-B_n\sin\theta_0 \tag{2.29}$$

根据矢量计算原理，则

$$\boldsymbol{r}_2=\boldsymbol{r}_1-\boldsymbol{B}=(B_c-r_1\sin\theta_0)\hat{\boldsymbol{c}}+(B_n-\boldsymbol{r}_1\cos\theta_0)\hat{\boldsymbol{n}} \tag{2.30}$$

则两次扫描时的视距差为

$$\Delta r=r_2-r_1=\sqrt{B^2-2r_1B_{/\!/}+r_1^2}-r_1 \tag{2.31}$$

根据式(2.31)，则两次成像时的干涉相位为

$$\phi^{\text{int}}=-\frac{4\pi}{\lambda}\Delta r=-\frac{4\pi}{\lambda}r_1\left[\sqrt{1+\left(\frac{B^2}{r_1^2}-\frac{2B_{/\!/}}{r_1}\right)}-1\right] \tag{2.32}$$

根据泰勒级数原理，将式(2.32)展开得

$$\phi^{\text{int}}=-\frac{4\pi}{\lambda}r_1\left[1+\frac{1}{2}\left(\frac{B^2}{r_1^2}-\frac{2B_{/\!/}}{r_1}\right)-\frac{1}{4}\left(\frac{B^2}{r_1^2}-\frac{2B_{/\!/}}{r_1}\right)^2+\cdots-1\right] \tag{2.33}$$

忽略高阶项，其主要是由于大气折射和 SAR 系统本身的噪声，则式(2.33)可简写为

$$\phi^{\text{int}}=-\frac{4\pi}{\lambda}\left(\frac{B^2}{r_1}-2B_{/\!/}+D_{\text{defo}}+\xi_{\text{atm}}+m_{\text{noise}}\right) \tag{2.34}$$

即

$$\varphi=\varphi_{\text{geo}}+\varphi_{\text{topo}}+\varphi_{\text{defo}}+\varphi_{\text{atm}}+\varphi_{\text{noise}} \tag{2.35}$$

式中，φ_{geo}代表平地效应，该相位是高度相同的平地在干涉图中表现为干涉条纹沿距离向、方位向呈周期性的变化，造成平地效应的根本原因是合成孔径雷达采用斜距成像的方式。在相位解缠之前去除干涉图中的平地效应，即

$$\varphi_{\text{geo}}=\frac{8\pi}{\lambda}B_{/\!/} \tag{2.36}$$

φ_{topo}为 DEM 高度引起的相位，即

$$\varphi_{\text{topo}}=-\frac{4\pi B^2}{\lambda r_1} \tag{2.37}$$

φ_{defo}为地表形变引起的相位，且 $\varphi_{\text{defo}}=-\frac{4\pi}{\lambda}D$，它对地表形变的敏感度表示为

$$\frac{\partial\varphi_{\text{defo}}}{\partial D}=-\frac{4\pi}{\lambda} \tag{2.38}$$

式(2.38)说明由地表形变引起的相位对地表形变的敏感度只与雷达波长 λ 有关。φ_{atm}为大气折射引起的相位。φ_{noise}为 SAR 系统噪声所带来的相位值。

2.4.3　干涉流程

根据上述的星载宽幅合成孔径雷达干涉测量和成像几何原理，得到了图 2.13

和图 2.14 的宽幅 SAR 干涉测量流程。通过比较图 2.13 和图 2.14 可知，两个宽幅 SAR 干涉测量流程存在许多的相同点，如图像拼接、配准和去平地效应等，但是两者还是有些不同，如图像拼接和方位向带通滤波等。

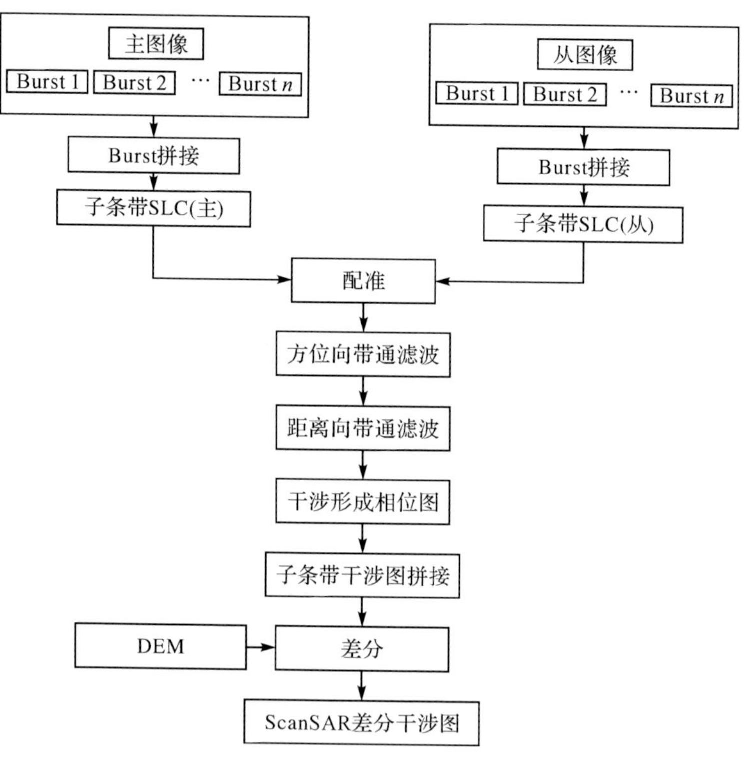

图 2.13 ScanSAR 差分干涉流程(一)

与条带模式干涉流程相比，其相同点主要是都包含配准、去平地效应和相位解缠等，其不同点主要有：

(1)尽管主要处理过程相同，但是处理方法和误差影响都不一样。表现在由于宽幅 SAR 数据的分辨率较低，条带数据的配准方法如基于强度的配准方法不能应用于 ScanSAR 数据的配准，此时则需要基于外部数据如 SRTM 或 GDEM 数据来进行配准。由于合成孔径雷达干涉测量是一种相对测量，当范围较小时，DEM 误差或大地水准面与 WGS-84 椭球面的差距无须考虑；但是当图像区域较大时，则必须考虑，故宽幅 SAR 干涉测量处理过程需要考虑水准面差距。大气效应也是合成孔径雷达干涉测量中的一个重要影响因素，相对于 Stacking 和 SBAS 法，PS 法是一种有效的方法，但是由于 ScanSAR 数据分辨率太低，故基于条带数据的 PS 方法能否有效应用于 ScanSAR 数据需要进一步研究。另外，基线误差也是干涉测量最终成果的一个因素，基线误差将在宽幅 SAR 干涉图中呈现积累效应，故星载宽幅合成孔径雷达干涉图中的基线误差影响规律及消除也需要研究。总之，这些将在后面的章节进行研究。

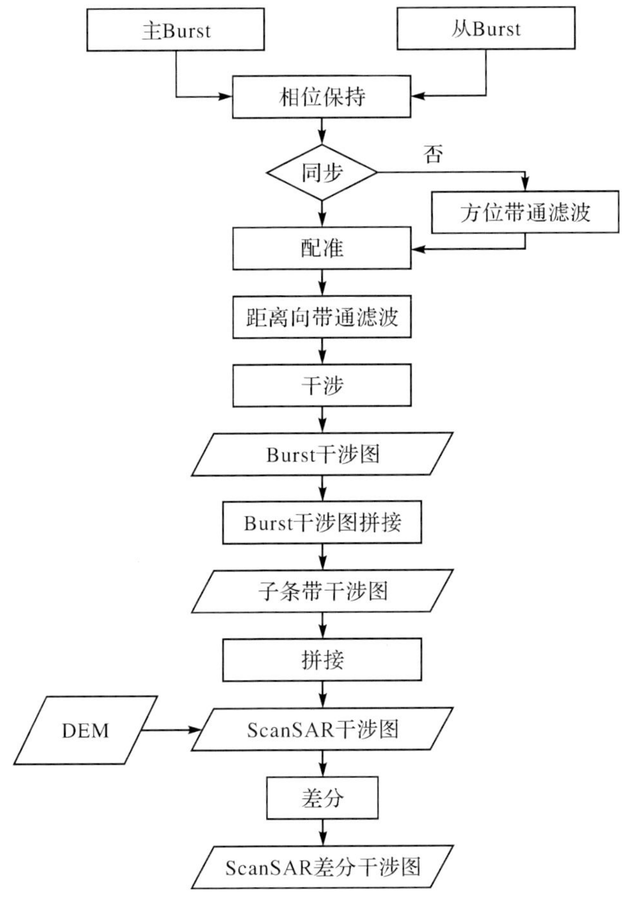

图2.14　ScanSAR差分干涉流程(二)

(2)宽幅SAR差分干涉处理过程包含两处拼接，即子条带间的拼接和Burst间的拼接。这将在后面的章节中进行阐述。

(3)宽幅SAR差分干涉处理需要进行方位带通滤波(azimuth common band filtering，ACBF)处理，条带数据干涉则无须方位带通滤波处理。Gatelli针对SAR卫星不同的入射角扫描地面目标时将会导致两幅图像的距离向频带发生频移，在进行干涉时只有相同部分的频带有利于干涉，而频移部分将会导致相位噪声，为此需要在距离向进行滤波处理(Gatelli et al，1994)。方位向带通滤波处理与距离向带通滤波处理相似，在方位向，当Burst同步小于100%时，则需要进行方位向带通滤波处理以提高相干系数，但是数据方位向的空间分辨率将会降低。对于条带数据而言，由于其方位向扫描时间连续，故无须进行方位向带通滤波。

§2.5 小 结

本章主要分析了合成孔径雷达成像原理、SAR 信号性质、成像几何特点和性能指标等，研究了星载宽幅合成孔径雷达的基本理论（如关键成像参数和性能分析），并与条带模式的成像进行了对比分析，在此基础上研究了宽幅 SAR 干涉测量在 TCN 坐标系下的数学模型和干涉流程，同时与条带干涉测量过程进行了比较。

第3章　星载宽幅合成孔径雷达影像拼接

§3.1　概　述

由第 2 章可知，在宽幅 SAR 模式成像几何中，即将成像区域沿距离向分成若干个子条带，在子条带间有一定的重叠区域，约 1 km；在子条带内，则沿方位向排列 Burst 图像，且相邻 Burst 间也存在一定的重叠，约 110 m。

根据第 2 章 ScanSAR 干涉流程，利用 ScanSAR 来监测宽域地表变形时需要进行图像拼接。ScanSAR 图像拼接主要包括 Burst 图像拼接和干涉图拼接。本文在研究拼接方法之前，首先比较分析了 ScanSAR 图像和条带 SAR 图像的频谱特性。

§3.2　宽幅 SAR 零级数据拼接

3.2.1　条带 SAR 的频谱特性

如图 3.1 所示，假定 SAR 卫星以速度 v_s 沿预定轨道飞行，t 是点目标方位向成像时间，t_0 是照射目标的零多普勒时间，如图 3.1 所示，可知

$$r^2(t-t_0;t_0)=r_0^2+v_s^2(t-t_0)^2 \tag{3.1}$$

或

$$r(t-t_0;t_0)=r_0\sqrt{r_0^2+v_s^2(t-t_0)^2} \tag{3.2}$$

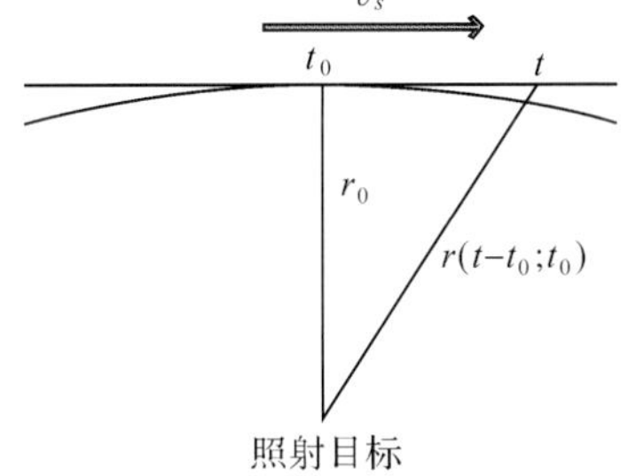

图 3.1　SAR 卫星扫描目标历程变化

利用泰勒级数展开，并略去高阶项，顾及 $r_0 \gg v_s(t-t_0)$，得

$$r(t-t_0;t_0)\approx r_0\left(1+\frac{v_s^2(t-t_0)^2}{2r_0^2}\right)=r_0+\frac{v_s^2}{2r_0}(t-t_0)^2 \tag{3.3}$$

则

$$\Delta r=r(t-t_0;t_0)-r_0=\frac{v_s^2}{2r_0}(t-t_0)^2 \tag{3.4}$$

则其相位为

$$\phi(t-t_0;t_0)\approx-\frac{4\pi}{\lambda}\left(r_0+\frac{v_s^2(t-t_0)^2}{2r_0}\right)\tag{3.5}$$

根据雷达成像原理,照射目标的脉冲响应函数为

$$h_{\mathrm{IM\_SAR}}(\tau,t;r_0,t_0)=A_t\left(\frac{v_s(t-t_0)}{r_0}\right)\cdot\delta\left(\tau-\frac{2\Delta r(t-t_0;r_0)}{c}\right)\cdot \exp\left(-j\frac{4\pi}{\lambda}\Delta r(t-t_0;r_0)\right)\tag{3.6}$$

式中,t 和 τ 分别为方位向和距离向的时间;$A_t(\cdot)$是天线方位向方向图;$\delta(\cdot)$是距离向压缩脉冲;复指数 $\exp(\cdot)$则是与 Δr 相关的相位频移。从上式可以看出,脉冲响应函数 $h_{\mathrm{IM\_SAR}}$ 在方位向是连续的,因为$(t-t_0)$是连续的。

由于 ScanSAR 与条带 SAR 除了方位向不一样外,其余都相同,故考虑下式

$$h_{\mathrm{IM\_SAR}}(\tau,t;r_0,t_0)=A_t\left(\frac{v_s(t-t_0)}{r_0}\right)\cdot\exp\left(-j\frac{4\pi}{\lambda}\Delta r(t-t_0;r_0)\right)\tag{3.7}$$

现设雷达脉冲重复频率为 f,条带 SAR 信号的多普勒带宽为 W_{IM},则合成孔径雷达时间为

$$T_A=\frac{W_{\mathrm{IM}}}{|f_R|}\tag{3.8}$$

式中,f_R 为方位多普勒频率,即 $f_R=-\frac{2v_s^2}{\lambda r_0}$。

合成孔径雷达时间内的采样数据为

$$N_{\mathrm{IM}}=\mathrm{PRF}\cdot T_A\tag{3.9}$$

式中,PRF 为脉冲重复频率。

利用傅里叶变换对式(3.7)进行变换得

$$H_{\mathrm{IM\_SAR}}(f_x,f;t_0)=A\left(\frac{\lambda}{2v_s}f_x\right)\cdot\exp\left(-\frac{j\pi f^2}{f_R}\right)\cdot\exp(-j2\pi t_0 f)\tag{3.10}$$

式中,$f_x=\frac{1}{2\pi}\frac{\mathrm{d}\phi}{\mathrm{d}t}=f_R(t-t_0)$,$|t|\leqslant T_A/2$。

从式(3.10)可以看出,条带 SAR 信号的频谱取决于 t,由于 t 连续,故可知条带 SAR 信号的频谱是连续的。

3.2.2 Burst 数据频谱特性

根据第 2 章 ScanSAR 成像几何原理,设 N_B 是一个 Burst 数据块中的脉冲数,即 Burst 块中的距离行数,T_P 为回归时间,则

$$T_B=\frac{N_B}{\mathrm{PRF}}\tag{3.11}$$

式中,T_B 为驻留时间。

$$N_p = \mathrm{PRF} \cdot T_p \tag{3.12}$$

式中，N_p 为回归时间内 SAR 卫星所发射的脉冲数，即 ScanSAR 所有子条带距离向行数之和，但需要注意的是 N_p 不一定是整数，原因是子条带间的 PRF 不同。

合成孔径雷达时间内的 ScanSAR 扫描周期为

$$T_p = \frac{T_A}{N_L} \tag{3.13}$$

式中，N_L 称为视数。

根据宽幅 SAR 成像几何原理可知，ScanSAR 的脉冲响应为

$$h_{\mathrm{WS\_SAR}}(\tau, t; r_0, t_0) = h_{\mathrm{IM\_SAR}}(\tau, t; r_0, t_0) \cdot W_w(t) \tag{3.14}$$

其中

$$W_W(t) = \sum_{n=-\infty}^{\infty} \mathrm{rect}\left(\frac{t - nT_p}{T_B}\right) \tag{3.15}$$

设 W_B 为 Burst 带宽，W_P 为合成孔径时间内的带宽，则

$$\left.\begin{aligned} W_B &= |f_R| T_B \\ W_P &= |f_R| T_P \end{aligned}\right\} \tag{3.16}$$

另外，对星载宽幅合成孔径雷达影像的某一个 Burst 而言，则有

$$A_t = \begin{cases} A_t\left(\dfrac{v_s(t - t_0)}{r_0}\right), & -\dfrac{T_B}{2} \leqslant t \leqslant \dfrac{T_B}{2} \\ 0, & \text{其他} \end{cases} \tag{3.17}$$

同理，利用傅里叶变换对式(3.10)，得

$$H_{\mathrm{WS\_SAR}}(f_x, f, t_0) = \begin{cases} A\left(\dfrac{\lambda}{2v_s}\right) \sum\limits_n \left(\dfrac{f + nW_p + f_R t_0}{W_B}\right) \exp\left(-j \dfrac{j\pi f^2}{f_R}\right) \exp(-j2\pi t_0 f), \\ \qquad\qquad f_R\left(t_0 - \dfrac{T_B}{2}\right) \leqslant f_x \leqslant f_R\left(t_0 - \dfrac{T_B}{2}\right) \\ 0, \qquad\qquad \text{其他} \end{cases} \tag{3.18}$$

从式(3.18)可知，宽幅 SAR 的方位频谱是不连续的，呈现周期性，这主要是由 $\Delta f_R = f_R T_B$，即图像频谱由目标点的扫描时间决定。

3.2.3　相干多 Burst 拼接方法

根据上一小节研究可知，宽幅 SAR 数据与条带数据相比在方位向的频谱是不连续的，另外在一个 Burst 图像内，各个目标点对其图像强度的贡献不一样。为了对 ScanSAR 数据进行拼接以便形成干涉图，主要有相干多 Burst 算法(Bamler, 1995; Bamler et al, 1999)，也称为全孔径算法(Ortiz et al, 2007; Gudipati, 2009)，

该算法主要是在 Burst 之间补零(图 3.2),然后利用处理条带模式的算法进行处理,如 RDA、CSA 和 SPECAN 算法等,其流程如图 3.3 所示。虽然相干多 Burst 算法效率不高,但是对现有的 SAR 处理器修改后即可对 ScanSAR 数据进行处理。只要 Burst 之间保持正确的间隔,可对所有包含目标的 Burst 进行相干处理。如果间隔有误,则可利用插值方法得到正确的时序。

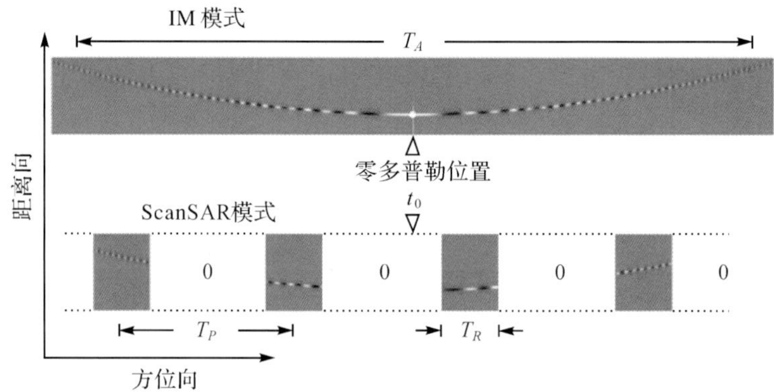

图 3.2 宽幅 SAR 数据补零示意图

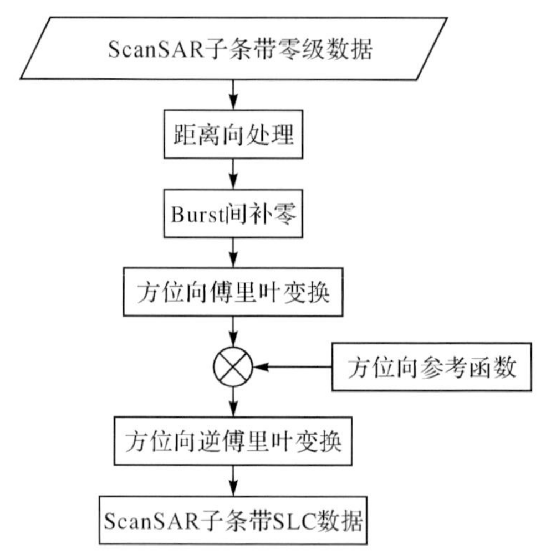

图 3.3 相干多 Burst 算法流程

相干多 Burst 拼接方法在提高计算效率的同时,由于展宽了方位向匹配滤波器的长度,使更多噪声进入系统,从而降低了图像的信噪比。另外,这种算法的压缩结果的相位除了线性项外,还多出一个很小的二次相位调制项,它对成像的相位特性有很小的影响,对幅度图像则没有影响。为了得到较适合人眼观看的图像效果,还需对图像进行非均匀量化以使图像的灰度等级均匀拉开(卡明,2007)。

该算法已用于生成宽幅 SAR 数据的干涉图。只要 Burst 时序同步，且图像得到良好的配准，干涉图中的差分相位就是正确的。由于在干涉图生成时进行的复共轭相乘会将 SAR 复图像变频到基带，因此可用低通滤波器抑制图像中的“矛刺”，该滤波器可通过一般的平滑过程实现（Holzner et al，2002）。

尽管通过上述算法能够得到具有正确相位的宽幅 SAR 单视复数据，但是 Burst 间的相干处理会导致目标响应出现交叉调制。为了避免出现这种现象，可采用短 IFFT 算法，即 SIFFT 算法。该算法调整 IFFT 的长度，以使该次 IFFT 截取地面目标的完整 Burst 信号不受或少受来自相邻同一目标能量的影响。通过这样的处理，每次 IFFT 不受其他 Burst 的影响，能得到单一 Burst 的精确冲激响应。

3.2.4 SIFFT 拼接方法

尽管相干多 Burst 方法能拼接 ScanSAR 零级数据，但是必须保证 Burst 时序同步才能得到正确的差分干涉图相位。对于宽幅 SAR 模式而言，要真正保证时序同步是比较困难的，因此需研究既能保证拼接，又能保证拼接后相位正确的方法，而 SIFFT 拼接方法就是这样一种较为有效的方法。

SIFFT 拼接方法即短傅里叶变换方法，是将 RDA 算法的短傅里叶变换长度变短，实现对 ScanSAR 数据的处理，且能保持 Burst 数据的相位特性，其处理步骤如图 3.4 所示。该短傅里叶变换拼接方法与 RDA 算法的主要不同在于方位压缩中的 IFFT 长度选取，能使该 IFFT 截取到的目标完整 Burst 信号尽量少受甚至不受来自相邻 Burst 同一目标能量的影响，通过这样的处理，每次短傅里叶变换将不受其他 Burst 信号干扰，从而完成一组目标压缩，且能得到单一 Burst 的精确响应（Cumming et al，1997）。SIFFT 算法的本质是通过选取 IFFT 长度来减小甚至消除同一目标在不同 Burst 间的频谱混叠。为了得到能用于干涉的数据，在拼接时需将相邻 IFFT 靠得更近，保证有效输出之间存在重叠部分，从而避免 Burst 拼接处的相位误差。通过 SIFFT 方法的处理，得到可用于干涉处

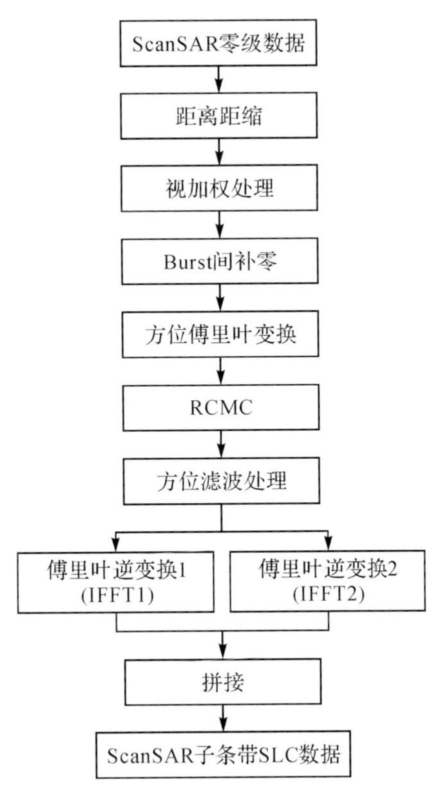

图 3.4　SIFFT 算法处理宽幅 SAR 数据流程

理的子条带 SLC 数据。

§3.3 单 Burst 干涉图生成与拼接

3.3.1 Burst 图像处理

利用 SAR 卫星接收到的 Burst 信号数据进行干涉处理，需将其处理成 SLC 数据，将零级数据处理成 1 级数据，即 Burst 图像处理，其过程包括两步。

1. 成像处理

Burst 成像处理，主要包括距离向压缩、线性距离徙动校正（RCMC）、方位向去斜坡、方位向 FFT 等，就 Burst 数据而言，与 IM 模式的成像处理是一样的。其成像处理算法主要包括 RDA 算法、CS 算法、ECS 算法和 SPECAN 算法。

2. 视加权处理

在宽幅模式中，同一子条带内时间不连续，不同子条带共享一个合成孔径，完整的合成孔径雷达时间被各个子条带共享。在每个子观测带的子合成孔径时间内，雷达接收该子观测带在整个方位向天线波束内地面区域的回波信号，并分别用于 Burst 块数据的成像处理。宽幅模式的工作机理是让同一个子观测带内目标受到天线方向和图方位向不同位置的天线增益加权，导致回波信号中存在着方位向幅度调制，如对此不进行校正，则会使最终的单视图像中存在着周期性的扇形效应，造成图像变形。因此，在块数据成像之后，必须采用视加权处理校正块图像。

视加权处理的方法基本可以分为两种：一种是单视加权，对单视图像进行校正处理；另一种是多视加权，针对多视图像进行校正处理。单视加权处理的加权函数简单，容易实现，但会破坏图像噪声的各态历经性，使图像的辐射校正复杂化。多视加权法的加权函数能够使得信号和噪声功率在方位向都为常数，即信噪比为常数，保证了噪声的各态历经性。但是，多视加权法必须是在同一子条带内不同图像之间有足够的重叠才能够进行多视处理。另外，多视处理抑制斑点噪声的同时使得图像分辨率下降，因此采用单视还是多视处理要根据具体的需要确定。

3.3.2 Burst 干涉图生成

由前所述，欲得到宽幅 SAR 模式干涉图，有两种方法：①对子条带零级数据，利用相干多 Burst 算法或 SIFFT 算法处理成子条带 SLC 数据，然后将其看作条带数据处理即可；②对每个 Burst 进行成像处理后，利用配准后的 Burst 形成干涉图，再对 Burst 干涉图进行拼接。在第二种方法中，对每个 Burst 图像进行相位保持聚焦处理，如果获取数据不同步时，需进行方位向带通滤波处理，其余步骤与传统 SAR 干涉处理相同（Bamler et al，1999），其流程如图 3.5 所示。

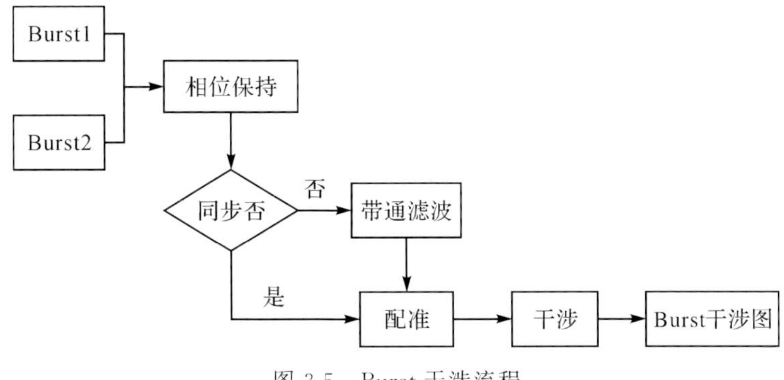

图 3.5　Burst 干涉流程

在干涉中，应该确保是利用校正后的多普勒频率来进行聚焦，且配准参数要相当准确，至少优于宽幅分辨率，否则，即使参数中很小的误差也会导致错误（焦明连等，2008）。

3.3.3　Burst 干涉图拼接

在得到 Burst 干涉图后，需要进行 Burst 间的拼接，以得到宽幅 SAR 的子条带干涉图。关于 Burst 干涉图拼接主要有 3 种方法：

1. 时域拼接法

时域拼接法的基本思想是利用成像时间参数来拼接 Burst 干涉图，从而得到整个子条带干涉图。在 ScanSAR 数据中，包含 Burst 数据块方位向的时间参数，如图 3.6 所示。

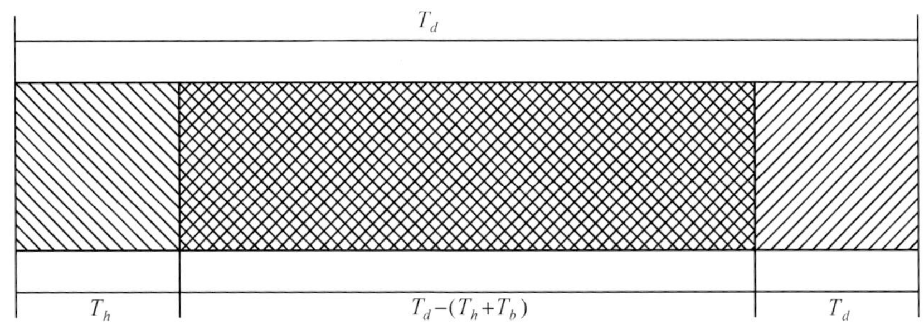

图 3.6　Burst 成像时间参数

图中，T_d 是 Burst 驻留时间，T_h、T_b 分别是 Burst 数据块首尾扫描时间，只有中间部分 $T_d-(T_h+T_b)$是合成孔径时间扫描完整的点。由图 3.6 可知，Burst 干涉图时间长为 T_d，只要以中间部分为中心截取 T_d 长的数据，就能够保证 Burst 干涉图的拼接。经过这样的处理，即使图像发生偏移，只要包含 $T_d-(T_h+T_b)$数据段，就可以保证截取的是扫描完整的点。

2. 相关拼接法

利用宽幅模式对地面进行扫描时，如果因为卫星姿态发生变化而导致波束指向发生偏差，或SAR卫星雷达天线指向发生偏差，则会使拼接后的图产生较大误差，因此时域拼接法受到约束。为了避免这种卫星姿态或雷达天线指向发生偏差带来的拼接误差，提出了相关拼接法。相关拼接法的基本思想是利用Burst干涉图之间的重叠部分，对重叠区域进行相关性分析，从而找到两区域准确的重叠位置，从而完成Burst干涉图拼接。相对于时域拼接法，相关拼接法的拼接精度较高，即使波束指向或天线指向发生偏差，也能进行很好的拼接(魏钟铨，2001)。

3. 综合法

由上述可知，相关拼接法是一种拼接精度高的Burst干涉图拼接方法，但是，由于在一个子条带中存在多个Burst重叠区域，加之二维相关计算运算量太大，需要大量的运算时间和内存，因此，可结合时域拼接法和相关拼接法的优点来进行Burst干涉图拼接，即综合法。综合法的基本思想是利用时域拼接法先作一个初估计，适当地丢弃部分重叠数据，在此基础上，利用相关拼接法进行Burst干涉图拼接。该方法结合了前两者拼接方法的优点，拼接时不仅对计算机的硬件配置要求不高，而且能保证拼接质量，是一种较好的Burst干涉图拼接方法。

§3.4 子条带干涉图拼接

3.4.1 基于成像几何关系的拼接

根据宽幅SAR的成像原理，宽幅模式是分子条带成像。为了形成完整的图像，需要子条带之间存在一定的重叠区域，约为1 km。宽幅SAR模式分子条带成像，各个子条带之间采样时间几乎相同，故可根据宽幅模式的成像几何关系来拼接子条带干涉图，主要分成两步。

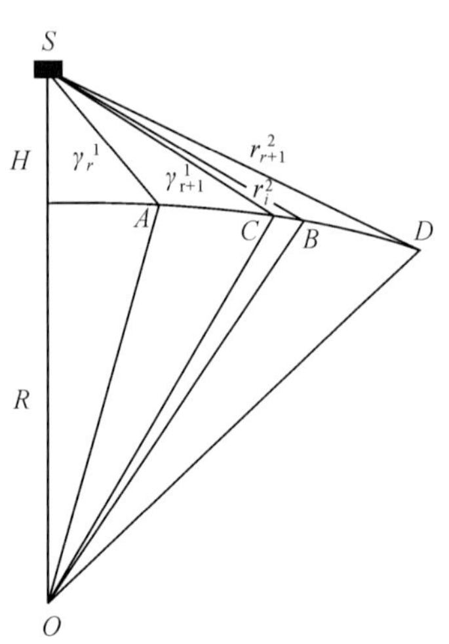

图 3.7 基于成像几何关系的拼接

1. 方位向上的拼接

利用星载宽幅合成孔径雷达的成像几何关系来对子条带干涉图进行拼接，在方位向主要是利用成像时间来拼接。

2. 距离向上的拼接

图3.7为星载宽幅合成孔径雷达系统及两个子条带的相互关系图。如图3.7所示，O为地心，R为地球半径，S为卫星所在位置，AB

为第 i 个子条带的地距宽度,CD 为第 $i+1$ 个子条带的地距宽度。另外 r_i^1 和 r_{i+1}^1 分别为第 i 和 $i+1$ 子条带的近地距,r_i^2 和 r_{i+1}^2 分别为第 i 和 $i+1$ 子条带的远地距,H 为 SAR 卫星高度,则根据图 3.7 可得

$$\angle COS = \arccos \frac{R^2 + (R+H)^2 - r_{i+1}^{12}}{2R(R+H)} \tag{3.19}$$

$$\angle BOS = \arccos \frac{R^2 + (R+H)^2 - r_i^{22}}{2R(R+H)} \tag{3.20}$$

又因

$$\angle BOC = \angle BOS - \angle COS \tag{3.21}$$

根据式(3.19)、式(3.20)和式(3.21),可得$\angle BOC$。在求得该角之后,即可根据

$$BC = R \times \angle BOC \tag{3.22}$$

计算两个子条带之间在距离向上的重叠范围。

在知道各个子条带间的范围和方位向的时间关系之后,即用后一个子条带的重叠区将前一个重叠区代替来得到整个干涉图,该方法与叠片相似,故称之为“叠片”式拼接方法。

3.4.2　基于配准加权方法的拼接

尽管相邻子条带的采集时间几乎相同,但由于 SAR 卫星与地面目标距离的变化和距离向带宽的不同,以及在进行数据处理时经常是分子条带进行成像处理而导致其多普勒中心频率不同,故相邻子条带重叠区域的相干性和分辨率皆不相同,因此“叠片”式拼接方法会导致拼接痕。本书提出基于配准加权的子条带干涉图拼接法,有效地避免了基于成像几何关系带来的拼接痕迹,主要分为配准和加权两个主要部分。

1. 配准

欲拼接子条带而形成整个干涉图,则必须先将两个子条带的重叠区配准。子条带的拼接是在形成子条带干涉图和相干图之后进行的。因此,在进行重叠区配准时,可采用相干系数法,即在参考相干图以匹配点为中心取一定大小的窗口,在对应输入相干图一定搜索范围内,逐行、逐个像素地移动,并计算窗口内的相干系数 γ,相干系数最大处即为最佳匹配点。

一般相干性系数定义为

$$\gamma = \frac{\mathrm{E}[c_1 c_2]}{\sqrt{\mathrm{E}|c_1|^2 \mathrm{E}|c_2|^2}} \tag{3.23}$$

实际计算时,通常用样本的平均值来代替数学期望,因此相干系数的计算式为

$$\bar{\gamma} = \frac{\left|\sum_{n=1}^{N}\sum_{m=1}^{M} c_1(n,m) c_2(n,m)\right|}{\sqrt{\sum_{n=1}^{N}\sum_{m=1}^{M} |c_1(n,m)|^2 \sum_{n=1}^{N}\sum_{m=1}^{M} |c_2(n,m)|^2}} \tag{3.24}$$

式中，n 和 m 为相干图重叠区的行号和列号；c_1 和 c_2 为目标窗中对应位置(n, m)上的两个相干值。

在初步确定同名点后，以该相干点为中心取大小为 $M\times N$ 的窗口，以待配准点为中心取出相同大小窗口的数据，按照式(3.24)计算相干性系数，然后在一定的搜索范围内，在相干图上逐点移动窗口，计算每个窗口的相干系数 r 值，相干系数最大处即为最佳匹配点。这种计算方法既考虑了 SLC 数据的振幅信号，又顾及了相位信号，因此判断配准的依据十分充分。

2. 加权

在进行子条带重叠区的配准之后，需要将重叠区的干涉图进行融合。本文选用的方法是加权方法，其权值为

$$w_i(n,m) = f(c(n,m), l_i) \tag{3.25}$$

式中，$w_i(n,m)$表示第 i 个子条带的权值矩阵；n 和 m 分别为重叠区的行号和列号；$c(n,m)$为对应像元的相干值；l_i 为(n,m)像元至第 $i+1$ 个子条带最左侧像元的距离。该权值与 c 成正比，与 l_i 成反比，另外还须满足以下条件

$$w_i(n,m) + w_{i+1}(n,m) = 1 \tag{3.26}$$

通过式(3.25)和式(3.26)得到权值后，可利用重叠区的干涉图乘以相应的权再加上另一个重叠区乘以相应的权，从而得到最终融合后的干涉图，如图 3.8 所示。

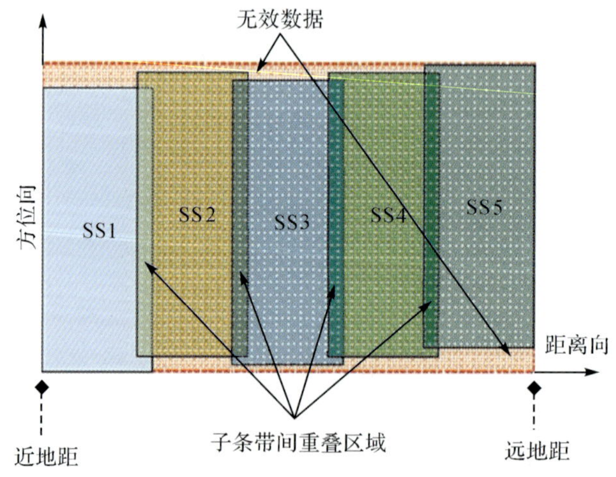

图 3.8　基于配准加权的拼接法示意图

3.4.3　实验

为了验证不同拼接方法的拼接效果，本文采用 ScanSAR 数据进行了分析。在分析中，ScanSAR 数据主要采用巴姆地震的两景数据，这两景数据覆盖的范围为 400 km×400 km，巴姆地震中心位于 ScanSAR 数据的第 3 子条带，其相关参数见表 3.1。

表 3.1　两景 ScanSAR 数据的参数

<table>
<tr><td colspan="2" rowspan="2">序号
参数</td><td colspan="10">1</td><td colspan="10">2</td></tr>
<tr><td colspan="2">IS1</td><td colspan="2">IS2</td><td colspan="2">IS3</td><td colspan="2">IS4</td><td colspan="2">IS5</td><td colspan="2">IS1</td><td colspan="2">IS2</td><td colspan="2">IS3</td><td colspan="2">IS4</td><td colspan="2">IS5</td></tr>
<tr><td colspan="2">时间</td><td colspan="10">2003 年 9 月 21 日</td><td colspan="10">2004 年 2 月 8 日</td></tr>
<tr><td colspan="2">轨道号</td><td colspan="10">08147</td><td colspan="10">10151</td></tr>
<tr><td colspan="2">列数</td><td colspan="2">6 399</td><td colspan="2">5 143</td><td colspan="2">6 291</td><td colspan="2">5 165</td><td colspan="2">6 084</td><td colspan="2">6 379</td><td colspan="2">5 123</td><td colspan="2">6 272</td><td colspan="2">5 146</td><td colspan="2">6 060</td></tr>
<tr><td colspan="2">行数</td><td colspan="2">4 964</td><td colspan="2">4 948</td><td colspan="2">4 947</td><td colspan="2">4 964</td><td colspan="2">4 947</td><td colspan="2">4 068</td><td colspan="2">4 069</td><td colspan="2">4 069</td><td colspan="2">4 070</td><td colspan="2">4 069</td></tr>
<tr><td rowspan="2">重叠范围</td><td>列</td><td rowspan="2">/</td><td colspan="2">137</td><td colspan="2">153</td><td colspan="2">252</td><td colspan="2">185</td><td colspan="2" rowspan="2">/</td><td colspan="2">130</td><td colspan="2">146</td><td colspan="2">245</td><td colspan="2">179</td><td rowspan="2">/</td></tr>
<tr><td>行</td><td colspan="2">−6</td><td colspan="2">+10</td><td colspan="2">+9</td><td colspan="2">−7</td><td colspan="2">+11</td><td colspan="2">−6</td><td colspan="2">+9</td><td colspan="2">−8</td></tr>
</table>

注：重叠范围中行指的是第 $i+1$ 子条带相对于第 i 子条带所要增加的行，"−"指在图像文件头增加行，"+"指图文件尾增加行。

首先以轨道号为 08147 的各个子条带图像作为主图像，以轨道号为 10151 的图像作为从图像，经过图像滤波、配准和重采样后进行干涉而得到 ScanSAR 各个子条带的干涉图，然后与地形差分后得到各个子条带的差分干涉图。

首先利用星载合成孔径雷达几何成像原理，计算各个子条带间的重叠范围，然后利用"叠片式"拼接方法进行子条带拼接，其结果如图 3.9 所示。从图 3.9 可以看出，尽管能从图中可以看到巴姆同震变形区，但是在各个子条带间出现了拼接痕迹，这会给相位解缠带来麻烦，甚至解缠后无法得到真正的变形相位。

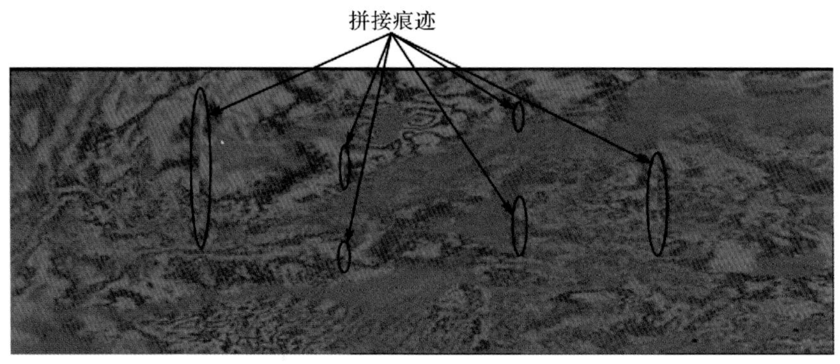

图 3.9　"叠片式"拼接方法结果

为了避免出现拼接痕迹，在实例中，利用了基于配准加权的方法对各个差分干涉图进行拼接，首先对差分干涉图进行滤波，根据滤波后的干涉图得到每个子条带相干图，然后利用式(3.24)对两个相邻子条带的相干图进行配准，从而得到两个子条带的重叠范围(表3.1)，然后利用式(3.25)和式(3.26)进行重叠区的处理，从而得到融合后的差分干涉，即拼接结果，如图3.10所示。从图3.10可以看出，相比于图3.9，没有出现拼接痕迹，相位更为平滑，这为后续的变形分析带来了方便。

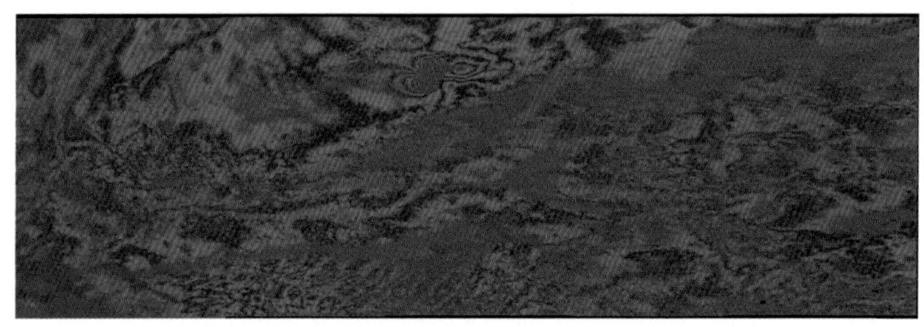

图3.10 基于配准加权的子条带拼接法结果

§3.5 小 结

本章在分析宽幅SAR数据和条带数据频谱特性的基础上，比较两者频谱特性的异同点，阐述了相干多Burst和SIFFT拼接方法的思想和缺陷性；介绍了Burst数据块的成像算法，包括SPENCAN算法、CS算法和RDA算法，随后研究了Burst干涉图的生成，利用时域拼接法、相关拼接法和综合法进行Burst干涉图拼接，得到子条带干涉图；最后，针对基于成像几何关系拼接子条带干涉图而留有拼接痕迹的缺点，提出了基于配准加权的子条带干涉图拼接法，该方法得到的干涉图没有出现拼接痕迹，相位更为平滑，这为后续的变形分析提供了前提条件。

第 4 章　宽幅合成孔径雷达干涉去相干性与误差分析

§4.1　概　述

在合成孔径雷达干涉测量中，相干性是合成孔径干涉测量的前提条件，其不仅能反映地物的反射特性，而且还是评价干涉条纹质量的重要标准。为了能够利用宽幅 SAR 模式数据获取宽域干涉图，须对 ScanSAR 干涉的去相干性进行分析。另外，与条带干涉测量一样，也需分析和研究宽幅合成孔径雷达干涉测量中误差影响程度和规律。

§4.2　宽幅合成孔径雷达干涉的去相干性分析

4.2.1　几何去相干与极限基线

在合成孔径雷达干涉测量中，干涉相干是一个非常关键的量值，其不仅是局部干涉条纹质量的重要评价标准，而且还提供了关于散射体的重要信息，宽幅合成孔径雷达干涉测量中的去相干可表达为

$$\rho=\rho_{\text{ther}}\cdot\rho_{\text{temp}}\cdot\rho_{\text{proc}}\cdot\rho_{\text{base}}\cdot\rho_{\text{volu}}\cdot\rho_{\text{ASPS}} \tag{4.1}$$

式中，ρ_{ther}为热噪声去相干；ρ_{temp}为时变去相干；ρ_{proc}为数据处理过程去相干；ρ_{base}为基线去相干；ρ_{volu}为体散射去相干；ρ_{ASPS}为扫描同步去相干。

从式(4.1)可以看出，在宽幅 SAR 干涉中有许多去相干性因素，除了与条带模式干涉 SAR 相同的去相干因素，如热噪声去相干、时变去相干、数据处理过程去相干、基线去相干和体散射去相干等，其干涉还受到扫描同步去相干性影响。另外，由于宽幅模式的分辨率与条带模式相比较低，因此数据处理过程去相干、基线去相干和体散射去相干也不相同。由于国外一些专家认为宽幅 SAR 干涉的极限基线是条带干涉极限基线的几分之一(Guarnieri et al，1996；Bamler et al，1999；Gudipati，2009)，但没有具体论述其原因，因此本书针对于此，详细论述 ScanSAR 干涉的极限基线。

1. 基线去相干

1）距离向去相干

基线是合成孔径雷达系统中所特有的参数，也是星载宽幅合成孔径雷达干涉

测量中的重要参数。根据干涉 SAR 的系统分析，基线越大，则相位差和基线长度不确性引起的高度误差越小，根据合成孔径雷达干涉测量的原理，若两幅天线间的基线越大，则斜距差越小，从而相同高度变化在干涉相位图中产生的干涉条纹越密，系统对高度变化的反应能力就越强。另外，基线越大，相位差和基线本身长度的不确性越小，从而引起目标高度测量的不确性也越小，但是基线的存在将引起雷达图像之间存在几何关系、频率成分等方面的差异，导致信号的相干性降低，甚至不能得到相干条纹。

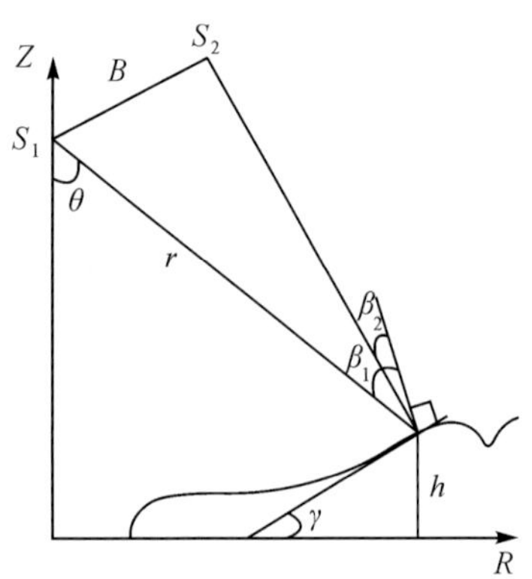

图 4.1 SAR 成像的几何关系

SAR 成像的几何关系如图 4.1 所示，S_1 和 S_2 分别为 SAR 卫星的位置，B 为成像 SAR 卫星的基线，r 为斜视距，β_1 和 β_2 为 SAR 卫星两次扫描地面目标时的入射角，γ 为地面坡度角，h 为地面目标至椭球面的高度。

根据文献(Gatelli et al，1994)，距离向波域数 k_y 为

$$k_y = \frac{4\pi f}{c}\sin(\beta - \gamma) \tag{4.2}$$

对式(4.2)中的 β 取微分，得

$$\Delta k_y = \frac{4\pi f}{c}\cos(\beta - \gamma)\Delta\beta \tag{4.3}$$

根据式(4.3)，两次观测入射角之差 $\Delta\beta$ 产生了频移，但如果带宽较小，则式(4.3)中的频率可用中心频率 f_0 代替，则变成

$$\Delta k_y = \frac{4\pi f_0}{c}\cos(\beta - \gamma)\Delta\beta \tag{4.4}$$

对式(4.2)中的 f 求导，得

$$\Delta k_y = \frac{4\pi}{c}\sin(\beta - \gamma)\Delta f \tag{4.5}$$

联合式(4.4)和式(4.5)，得

$$\Delta f = \frac{f_0\cos(\beta - \gamma)}{\sin(\beta - \gamma)}\Delta\beta = \frac{f\Delta\beta}{\tan(\beta - \gamma)} \tag{4.6}$$

又根据图 4.1，得

$$\Delta\beta = \frac{\beta}{r} \tag{4.7}$$

则式(4.6)可变为

$$\Delta f = \frac{f_0 B}{r\tan(\beta - \gamma)} \tag{4.8}$$

如图 4.2 所示，对于信号带宽有限的雷达系统，当两个 SAR 信号的频率 Δf

超过其信号带宽 f_w 时，则两个信号不再具有相干性而无法形成干涉条纹。对于载频为 f_0 的雷达系统而言，两个信号频移为系统信号带宽时的基线为极限基线，即

$$B_c = \frac{f_w \lambda H \tan(\beta - \gamma)}{c\cos\theta} \tag{4.9}$$

现根据式(4.9)，计算欧洲空间局 ENVISAT 卫星的宽幅 SAR 数据各个子观测带和条带模式的极限基线，见表 4.1。从表 4.1 可以看出，在距离向由于宽幅和条带模式信号的距离向带宽相差不多，故其极限基线也相差不多。

表 4.1　ScanSAR 数据各个子观测带和条带模式的极限基线

条带号		距离向带宽/Hz	入射角/(°)	极限基线/m
IM		1.60E+07	22.757 6	1 086.88
WSM	IS1	1.48E+07	21.842 8	951.17
	IS2	1.29E+07	28.604 7	1 192.80
	IS3	1.05E+07	33.617 3	1 249.38
	IS4	9.54E+06	37.505 2	1 378.18
	IS5	8.48E+06	40.889	1 450.37

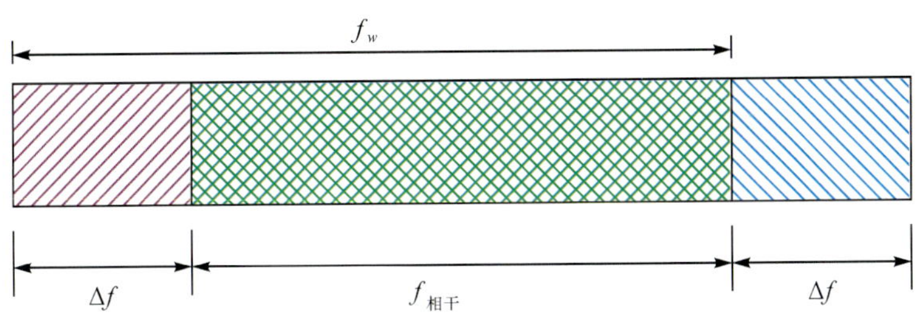

图 4.2　合成孔径雷达干涉信号回波的谱

2）方位向去相干

同样，根据文献(Gatelli et al，1994)，方位相干系数为

$$\rho_a = 1 - \frac{\Delta f_{DC}}{f_a} \tag{4.10}$$

式中，Δf_{DC} 为两景数据的多普勒中心之差。由此可知，方位向去相干与基线是没有关系的，即宽幅 SAR 和条带 SAR 方位向与距离向几何去相干几乎相同。

2. 体散射去相干

如果仅考虑平面反射，则可忽略体散射影响(Rodriguez et al，1992；Piau et al，1993)，然而在一个分辨单元中不同高度 Z 的目标域回波信号的体散射是不可忽略的。

$$\Delta z \ll \left| \frac{\lambda H \tan\theta}{2B_n} \right| = \Delta z_0 \tag{4.11}$$

式中，Δz 为相干高差。所谓相干高差，是指在垂直于雷达视线的平面内，导致两景 SAR 图像分辨单元形成干涉的地面目标间最小高差。根据式(4.11)，如果 $\Delta z \geqslant \Delta z_0$，则会导致频谱去相干，另外，相干高差与基线成反比。表 4.2 是以 $\Delta z = \frac{1}{10}\Delta z_0$ 计算得到的。从表 4.2 中可以看出，无论是宽幅 SAR 还是条带模式，分辨单元中影响合成孔径雷达干涉去相干的相干高差是一样的。由于宽幅模式分辨率比条带低 n 倍，即其分辨单元要比条带的分辨单元大 n 倍，说明星载宽幅合成孔径雷达干涉测量时，地面分辨单元中的高差超过相干高差的概率相对于条带要高 n 倍，故星载宽幅合成孔径雷达干涉极限基线的长度是条带 SAR 的 $1/n$，因此在利用宽幅模式干涉测量时，对基线要求较为严格。

表 4.2 导致频谱去相干的地形高度 单位：m

基线 高差	100	200	300	500	800	1 000	2 000
Δz_0	129.3	64.7	43.1	25.9	16.1	12.9	6.5
Δz	12.9	6.47	4.31	2.59	1.6	1.3	0.65

4.2.2 扫描同步

方位扫描同步指地面上同一个目标两次被 SAR 卫星监测时，两次 SAR 卫星位置的相似程度，其决定了主辅 Burst 数据在方位向上的重叠度，重叠度低导致干涉图的方位向频谱宽度变窄，最终会造成干涉图方位分辨率下降甚至不相干。干涉图的方位分辨率过低，则表明这一对图像不适合做干涉处理。

如图 4.3 所示，由 § 3.2 的 Burst 频谱特性可知，Burst 中心频率随方位时间呈线性变化，其方位带宽可表示为

$$W = f_R T_D = \frac{T_D}{T_P} f_{\mathrm{PRF}} \tag{4.12}$$

现设另有一景图像其 Burst 驻留时间仍为 T_D，两景图像的异步时间为 ΔT_D，同步时间为 T_C，则扫描同步的带宽为

$$W_i = f_R T_C = \frac{T_C}{T_P} f_{\mathrm{PRF}} \tag{4.13}$$

则扫描同步去相干性可表示为

$$\rho = 1 - \frac{W_i}{W} = \frac{\Delta T_D}{T_P} \tag{4.14}$$

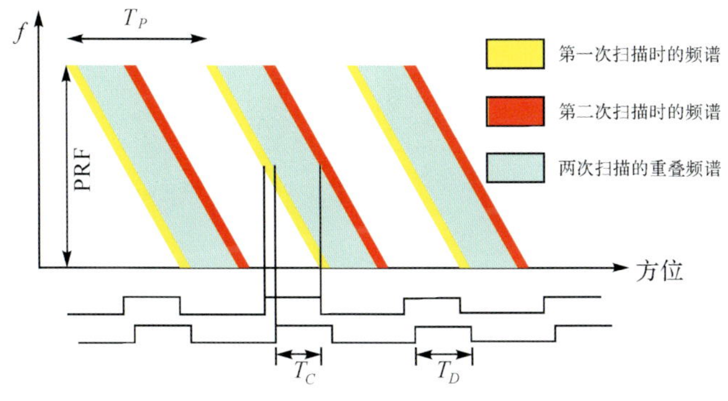

图 4.3　扫描同步示意图

图 4.4 是利用 ScanSAR 干涉测量方法获得的差分干涉未解缠相位图，它们的 Burst 同步率分别为 100%、80%、60%、40%。从图 4.4 中可以看出，这 4 种情况的差分干涉图都能反映该图像区域的形变场，但也应该注意到当同步率从 100%降到 40%时，非相干区域（灰色区域）也变大了。尽管同步率为 40%时相干性缺失很大，但是还能看到其变形特征（Gudipati，2009）。

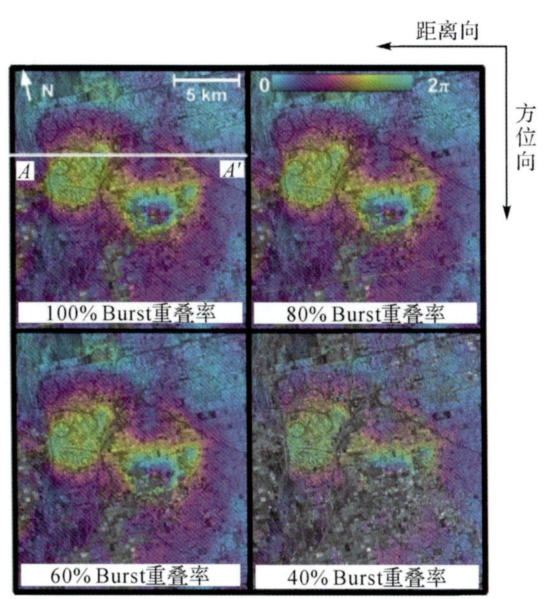

图 4.4　不同 Burst 扫描同步率的效果比较

图 4.5（Gudipati，2009）是图 4.4 中各种情况的相位剖面图，这些剖面证实了随着同步率的下降，差分干涉相位噪声也随之增加。在同步率为 100%的情况下，ScanSAR 干涉图的变形相位剖面几乎与条带模式干涉图相同，当同步率从 60%降到 40%时，相位噪声增加明显。

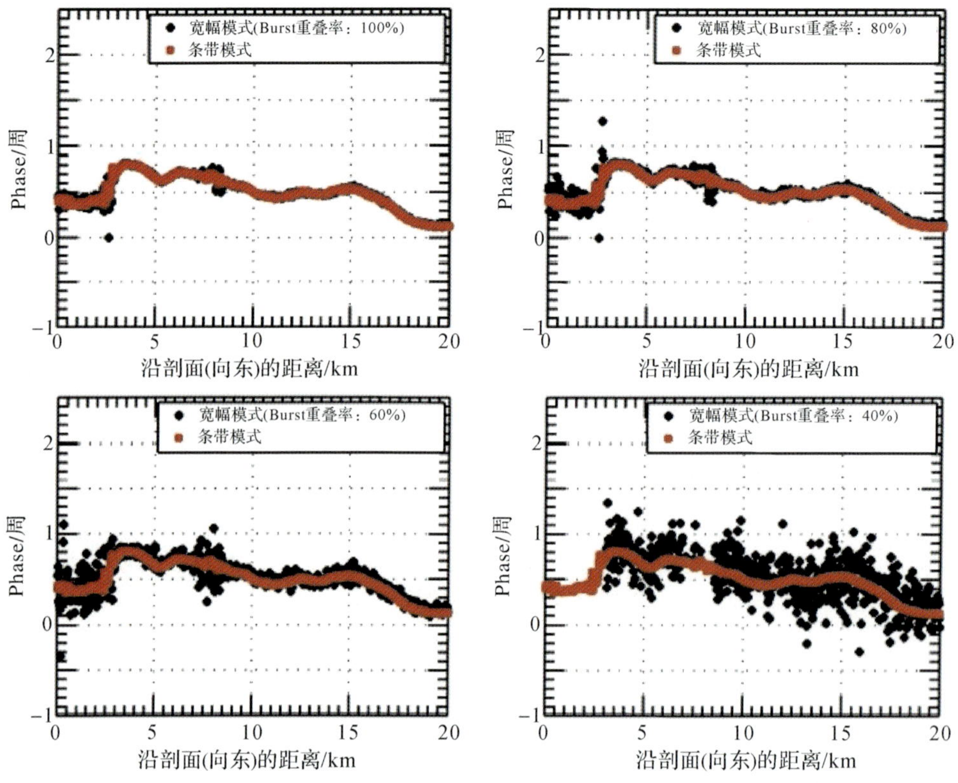

图 4.5　图 4.4 中 *AA* 向的相位剖面

形成第一个 ScanSAR 干涉图是在 2002 年，由 Bamler 得到，但由于 RadarSat 卫星的轨道精度较低(Bamler et al,1996)，在后面的研究中，欲利用其进一步研究 ScanSAR 干涉理论和大区域变形仍然较难。在 2002 年，欧洲空间局发射了 ENVISAT 卫星，该卫星装载了先进的合成孔径雷达，具有 ScanSAR 模式，但在 2006 年 12 月中旬以前，欲同步 30%，可能性只有 20%，欲同步 65%，可能性只有 10%，无疑，这样的同步率是无法有效形成干涉图的。为了使 ENVISAT 卫星的 ScanSAR 模式能够进行干涉测量，欧洲空间局对 ENVISAT 卫星采取了 3 项措施，即利用 DORIS 精密定轨、精确确定 SAR 天线采集时间(>50%)和增强指令设备的稳定性，从而保证了扫描同步。图 4.6 是措施前后同步率曲线(Rosich et al,2007)。从图 4.6 中可以看出，经过一些措施保证扫描同步后，措施前同步率只有 50%，措施后同步率提高到 90%，无疑经过措施后，能保证干涉测量所需要的同步性。随着科学技术的发展，同步性现已不是影响 ScanSAR 干涉测量的主要因素。

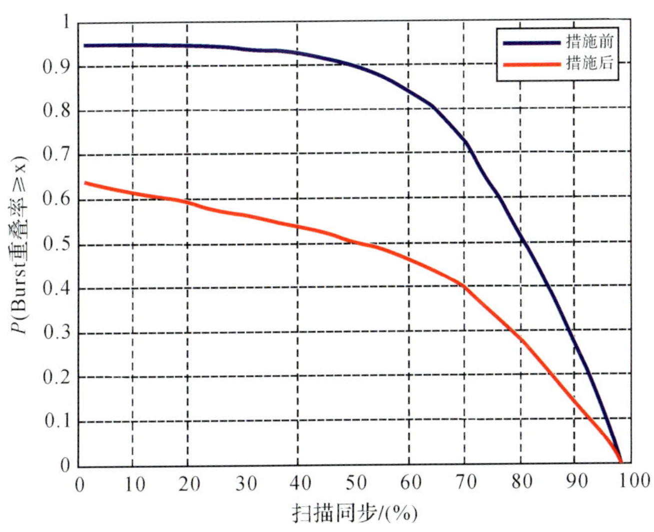

图 4.6　措施前后 Burst 同步率的比较

§4.3　宽幅 SAR 干涉测量误差分析

宽幅 SAR 模式的特点是在几个子测绘带之间共享合成孔径时间，以方位分辨率的降低为代价，从而实现测绘带宽度的增大。它是在若干个不同天线波束之间合理分配成像时间，以得到全部组合观测带的连续雷达图像。对于每个波束位置所能接收到的回波脉冲串进行相干处理便能形成相应子观测带内的合成孔径图像。

宽幅与条带模式成像的几何关系是一致的，假设卫星以一定的时间间隔和轨道偏离(通常为几十米至一百米)重复对某一区域成像，并在两次飞行过程中处于不同的空间位置 S_1 和 S_2，则其空间干涉基线向量为 $\boldsymbol{B}$，其长度为 B，称为基线长度，基线向量 $\boldsymbol{B}$ 与水平方向的夹角 α，称为基线倾角；θ 为入射角；S_1 和 S_2 至地面点 P 的斜距分别为 r 和 $r+\Delta r$。同时，将基线分解为平行于视线方向的分量和垂直于视线方向的分量，即平行基线分量 $\boldsymbol{B}_{/\!/}$ ($\boldsymbol{B}_{/\!/}=\boldsymbol{B}\sin(\theta-\alpha)$) 和垂直基线分量 $\boldsymbol{B}_{\perp}$ ($\boldsymbol{B}_{\perp}=\boldsymbol{B}\cos(\theta-\alpha)$)，根据传统 DInSAR 干涉原理，ScanSAR 干涉图相位可写成

$$\phi=\frac{4\pi}{\lambda}\left(\boldsymbol{B}_{/\!/}+\frac{\boldsymbol{B}_{\perp}}{r\sin\theta}h-\Delta p\right) \tag{4.15}$$

式中，ϕ 是解缠后的总相位；Δp 是视距地表变形量。若利用二轨法来获取地表变形量，则视距地表变形量为

$$\Delta p = \boldsymbol{B}_{/\!/} + \frac{\boldsymbol{B}_{\perp}}{r\sin\theta}h - \frac{\lambda}{4\pi}\phi \tag{4.16}$$

从式(4.16)可以看出，视距地表变形量主要与平地相位$\frac{4\pi}{\lambda}\boldsymbol{B}_{/\!/}$和 DEM 误差密切相关。将式(4.16)进行变换并分别对 $\boldsymbol{B}$、h 和 α 进行求导，得

$$\left.\begin{aligned}
&\frac{\mathrm{d}\Delta p}{\mathrm{d}\boldsymbol{B}} = \sin(\theta-\alpha) + \frac{\boldsymbol{B}_{\perp}h}{r\sin\theta}\\
&\frac{\mathrm{d}\Delta p}{\mathrm{d}a} = -\boldsymbol{B}\cos(\theta-\alpha) + \frac{\boldsymbol{B}\sin(\theta-\alpha)}{r\sin\theta} - \frac{\boldsymbol{B}\cos(\theta-\alpha)\cos\theta}{r\sin^2\theta}\\
&\frac{\mathrm{d}\Delta p}{\mathrm{d}h} = \frac{\boldsymbol{B}_{\perp}}{r\sin\theta}
\end{aligned}\right\} \tag{4.17}$$

即

$$\left.\begin{aligned}
&\sigma_{\Delta p} = \left(\sin(\theta-\alpha) + \frac{\boldsymbol{B}_{\perp}h}{r\sin\theta}\right)\sigma_B\\
&\sigma_{\Delta p} = \left(-\boldsymbol{B}\cos(\theta-\alpha) + \frac{\boldsymbol{B}\sin(\theta-\alpha)}{r\sin\theta} - \frac{\boldsymbol{B}\cos(\theta-\alpha)\cos\theta}{r\sin^2\theta}\right)\sigma_\alpha\\
&\sigma_{\Delta p} = \frac{\boldsymbol{B}_{\perp}}{r\sin\theta}\sigma_h
\end{aligned}\right\} \tag{4.18}$$

式(4.18)中，σ_B 为基线误差；σ_α 为基线倾角误差；σ_h 为 DEM 高程误差。从上述可以看出，在合成孔径雷达差分干涉中，无论是基线长度误差和基线倾角误差都会影响宽幅 SAR 结果，且其影响程度与斜距有关；DEM 误差不仅与斜距和入射角有关，还与垂直基线长度有关。

§4.4 大地水准面差距的影响及改正

1. 大地水准面差距的影响

大地水准面指与平均海平面重合并延伸到大陆内部的水准面，是一个不规则的封闭曲面，是正高的基准面。在测量工作中，均以大地水准面为依据。因地球表面起伏不平且地球内部质量分布不匀，故大地水准面是一个略有起伏的不规则曲面。该面包围的形体近似于一个旋转椭球，称为"大地体"，常用来表示地球的物理形状。它将几何大地测量与物理大地测量科学地结合起来，使人们在确定空间几何位置的同时，还能获得海拔高度和地球引力场关系等重要信息。大地水准面的形状反映了地球内部物质结构、密度和分布等信息，对海洋学、地震学、地球物理学、地质勘探、石油勘探等相关地球科学领域研究和应用具有重要作用。

大地水准面与平均地球椭球面或参考椭球面之间的距离(沿着椭球面的法线)都称为大地水准面差距。前者是绝对的，也是唯一的；后者则是相对的，随所采用

的参考椭球面不同而异。相对大地水准面差距是大地水准面到某一参考椭球的距离。因为参考椭球的大小、形状及在地球内部的位置不是唯一的，所以相对大地水准面差距具有相对意义。每一点的相对大地水准面差距，可以由大地原点开始，按天文水准或天文重力水准的方法计算出各点之间相对大地水准面差距之差，然后逐段递推出来。

绝对大地水准面差距是大地水准面到平均地球椭球面间的距离。它的数值最大在±100 m 左右。绝对大地水准面差距可以利用全球重力异常按斯托克斯积分公式进行数值积分算得，也可以利用地球重力场模型的位系数按计算点坐标进行求和算得，原则上可以选取其中任一公式。前者虽然精度较高，但运算复杂；后者由于不能按无穷级数计算，精度受到限制，但运算方便。因此，在实践中总是根据不同的要求，采用其中的一种或综合两者优点采用一个混合公式计算。绝对大地水准面差距除了用上述方法确定之外，还可以利用卫星测高仪方法确定（见卫星大地测量学）。

绝对大地水准面差距可表示为

$$N = H - H_g \tag{4.19}$$

式中，N 为大地水准面差距；H 为大地高；H_g 为正高。在全球范围内，大地水准面差距介于－107～66 m，在我国西部变化大。

为了利用合成孔径雷达干涉测量来获取研究区域的形变场，则须使用二轨、三轨或四轨等差分方法来得到，由于数据量或经费问题，利用 DEM 数据来进行差分处理是一种最常用的方法之一。现在利用的 DEM 数据主要有 SRTM 和 GDEM，其高程基准是 EGM-96，而合成孔径雷达差分干涉测量则是在 WGS-84 等参考椭球面上进行，即两者的起算基准并不一致，即绝对大地水准面差距将会对差分干涉结果产生影响。

根据式(2.34)，得

$$D_{\mathrm{defo}} = -\frac{\lambda}{4\pi}\phi_{\mathrm{defo}} = -\frac{\lambda}{4\pi}(\phi_{\mathrm{flat}} - \phi_{\mathrm{topo}}) = -\frac{\lambda}{4\pi}\phi_{\mathrm{flat}} - \frac{\boldsymbol{B}_{\perp}}{R\sin\theta_0}H_{\mathrm{WGS\text{-}84}} \tag{4.20}$$

如果使用基于 EGM-96 正高系统的外部 DEM，由式(2.33)和式(2.34)可知，由大地水准面高引起地形相位误差 σ_N 为

$$\sigma_N = \phi_{\mathrm{topo}} - \phi_{\mathrm{EGM\text{-}96}} = -\frac{4\pi}{\lambda}\frac{\boldsymbol{B}_{\perp}}{R\sin\theta_0}(H_{\mathrm{WGS\text{-}84}} - H_{\mathrm{EGM\text{-}96}}) \tag{4.21}$$

从式(4.21)可以看出，大地水准面高会对形变结果带来不小的影响。

另外，合成孔径雷达差分干涉测量中，获取形变量值时是以参考点为基准得到的，这说明视线向形变量是一个相对值，DEM 整体加减某一常数并不影响最终的干涉结果，影响干涉结果的是研究区域中 DEM 误差和绝对大地水准面差距相对差。以 ENVISAT 卫星为例，其卫星高 800 km，视角为 23°，则大地水准面差距相

对差影响结果见表 4.3。从表中可以看出，即使 20 m 的垂直基线和 20 m 的大地水准面差距相对差也会给结果带来 0.6 mm 的影响。对于条带差分干涉测量而言，由于其范围较小，大地水准面差距几乎是一个常数，故可不考虑其影响；相对于条带数据而言，ScanSAR 数据覆盖范围大，是条带覆盖范围的好几倍，其大地水准面差距不是一个常数，故在星载宽幅合成孔径雷达差分干涉测量中不能忽略不计大地水准面差距对结果的影响。

表 4.3 绝对大地水准面差距相对差对结果的影响大小 单位：mm

垂直基线/m 水准面差距相对差/m	20	50	100	300	500	800
10	0.6	1.6	3.2	9.6	16	25
20	1.3	3.2	6.4	19.2	32	51
50	3.2	7.99	15.99	47.9	79.9	127
80	5.1	12.79	25.6	76.8	128	204
100	6.4	15.99	31.99	95.9	159	256

2. 基于 EGM-96 模型求解大地水准面差距原理

由于 DEM 基准面是 EGM-96，故需研究基于 EGM-96 重力场模型来获取大地高。

EGM-96 重力场模型是一个综合利用 GEOSAT、ERS-1 等 20 余颗卫星数据，GPS 等资料，以及全球大量重力数据所计算出来的高精度全球重力场模型，由来自 NASA/GAFC、国家影像、NMA 及俄亥州州立大学的 20 多位学者的大力协作，历时 3 年完成，可以解算全球任何一点的大地水准面差距，分辨率为 30″，其精度在美国本土 50 km 达到几厘米。

由前所述，欲由 EGM-96 的高程转换成大地高，只需求取大地水准面差距 N，其又可表示为(Lemoine et al，1998)

$$N(\theta,\lambda)=\zeta_Z+\frac{GM}{r_p\gamma_p}\sum_{n=2}^{N}C_{nm}Y_{nm}(\theta,\lambda)+\frac{\Delta g_B(\theta,\lambda)}{\bar{\gamma}}H(\theta,\lambda) \tag{4.22}$$

式中，θ 为大地水准面上该点的极角；λ 为大地水准面上该点的纬度；ζ_Z 为该点的高程异常数项，约为 −52 cm；G 为万有引力常数；M 为地球质量；r_p 为地球半径；γ_p 为正常重力；N 为 EGM-96 的阶数；C_{nm} 和 Y_{nm} 为 EGM-96 的级数；Δg_B 为布格异常；$\bar{\gamma}$ 为正常重力平均值；$H(\theta,\lambda)$ 为该点的正高；$\frac{GM}{r_p\gamma_p}\sum_{n=2}^{N}C_{nm}Y_{nm}(\theta,\lambda)$ 为高程异常改正项。

令

$$\Delta=\frac{\Delta g_B(\theta,\lambda)}{\bar{\gamma}}H(\theta,\lambda) \tag{4.23}$$

则式(4.22)变为

$$N(\theta,\lambda)=\zeta+\Delta \tag{4.24}$$

式中，$\zeta=\zeta_Z+\frac{GM}{r_p\gamma_p}\sum_{n=2}^{N}C_{nm}Y_{nm}(\theta,\lambda)$，为高程异常。式(4.24)说明某点的大地水准面差距可由高程异常加上改正数求得。

根据式(4.19)和式(4.24)，便可将 SRTM 或 GDEM 等数字高程模型的高程转换到大地高。

§4.5　实　验

结合上述分析，利用伊朗东南部巴姆地震的两景 ENVISAT 宽幅 SAR 数据来验证基线误差和 DEM 误差在差分干涉图中表现形式及影响大小。这两景数据获取时间分别是 2003 年 9 月 21 日和 2004 年 2 月 8 日，轨道号分别是 08147 和 10151，覆盖范围为 400 km×400 km，巴姆地震中心位于宽幅 SAR 数据的第 3 子条带。

1. DEM 误差对宽幅 SAR 干涉的影响分析

为验证基线误差对宽幅 SAR 干涉结果的影响，首先分析在同一基线误差下不同 DEM 误差对结果的影响。在这次分析中，采用的是 DORIS 轨道、SRTM 和 ASTER GDEM，其中 SRTM3 和 ASTER GDEM 的具体参数见表 4.4。

表 4.4　两种 DEM 参数

参数 / DEM 类型	发布时间	发布单位	覆盖范围/(%)	分辨率/m	高程精度/m	数据块大小	
						行	列
SRTM3	2000 年 2 月	美国国家地理空间情报局和国家航空航天局	80	90	16	1 201	1 201
GDEM	2009 年 6 月	美国航天局与日本经济产业省	99	30	7	3 601	3 601

图 4.7(a)和图 4.7(b)分别是子条带对应的 ASTER DEM 和 SRTM3 等值线，图 4.7(c)是两个 DEM 的剖面比较。比较图 4.7 中的两个等值线图和剖面图，发现两种 DEM 总体趋势是一致的，但 GDEM 相比较于 SRTM3，细节更为清楚，其中 GDEM 的高程范围为 432～2 996 m，STRM3 的高程范围为 436～2 991 m。在这个基础上，利用 DORIS 轨道和两个不同的 DEM 来形成差分干涉图，见图 4.8。图 4.8是在利用 DORIS 精密轨道的条件下，分别用 SRTM3 和 ASTER GDEM 差分后，并去除了基线的线性影响后得到的第 3 个子条带差分干涉图。从图 4.8 可以看出，尽管两种 DEM 精度相差较大，但在 ScanSAR 差分干涉中影响甚微，主要是因为宽幅 SAR 模式干涉基线较短，无须考虑 DEM 精度对其变形结果的影响。

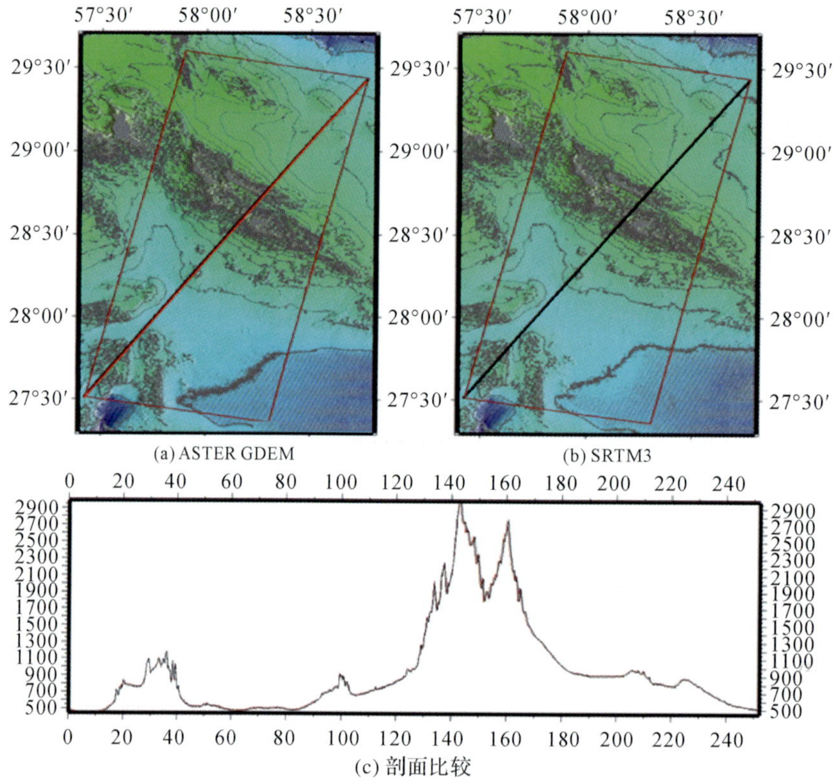

图 4.7 SRTM3 和 ASTER GDEM 的高程比较

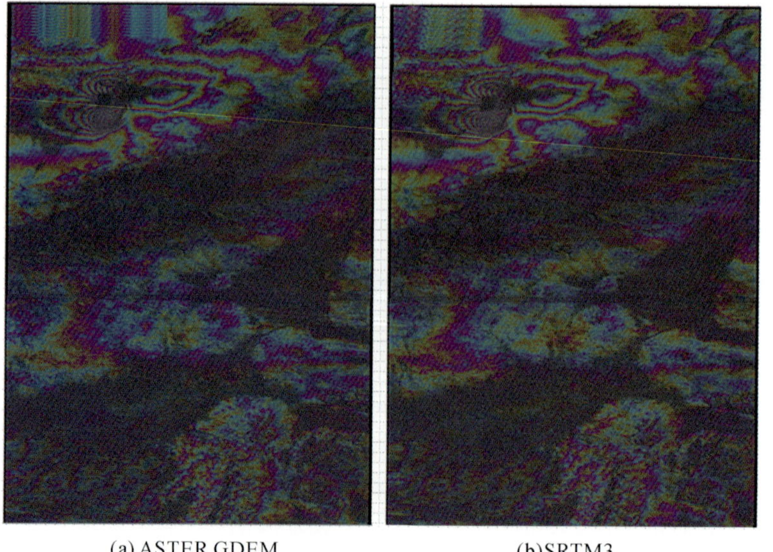

图 4.8 第 3 个子条带分干涉图比较

2. 基线误差对宽幅 SAR 干涉的影响

从上一小节可知，DEM 误差在 ScanSAR 干涉中影响不大，故在分析基线误差对宽幅 SAR 干涉的影响时，不考虑 DEM 误差的影响。在这部分分析中，利用3 种轨道即初始轨道、DELFT 提供的精密轨道和欧洲空间局的 DORIS 精密轨道来分析基线误差对宽幅 SAR 干涉的影响。初始轨道是随 SAR 数据一起发布的，精度较低。DELFT 提供的精密轨道是 DEOS 在获取 SAR 数据几月之后，利用重力模型 DGM-E04 经过后处理得到的高精度卫星轨道数据。DORIS 轨道数据是欧洲空间局在接受 SAR 卫星数据之后，利用各种大地测量数据经过后处理得到，其精度较高。

为了分析基线误差对宽幅 SAR 干涉的影响，利用精度较高的 ASTER GDEM 进行二轨差分，从而得到了各个子条带的差分干涉图，最后对各个子条带拼接得到最终的差分干涉图（图 4.9），然后对该干涉图进行频谱分析得到相应的差分干涉图性质（表 4.5）。其中，图 4.9(a)是利用初始轨道得到的差分干涉图，图 4.9(b)是利用 DELFT 轨道得到的差分干涉图，图 4.9(c)是利用 DORIS 轨道得到的差分干涉图。通过分析图 4.9 和表 4.5 可知，基线精度的不同在差分干涉图中的表现是非常明显的。另外，由于宽幅 SAR 扫描范围大，故能更清楚地看到基线误差的影响大小及影响规律，有利于降低宽幅 SAR 干涉测量中的基线误差影响，这也是相比于条带模式干涉的优点。

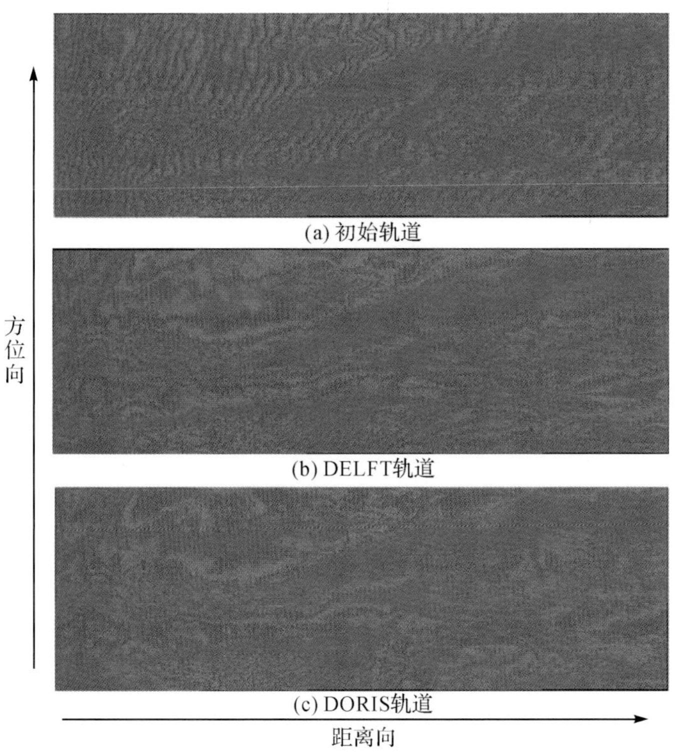

图 4.9　不同基线误差对变形差分结果的影响

表 4.5 3 种轨道的差分干涉图性质比较

干涉图性质 / 基线类型	残余条纹数		SNR	相干性
	方位向	距离向		
初始轨道	7	52	6.661 25	0.869 473
DELFT 轨道	16	6	6.667 1	0.869 573
DORIS 轨道	8	1	7.107 3	0.876 654

3. 两种 DEM 地面控制点改善基线残差的效果分析

利用 DEM 地面控制点来改善基线残差，即根据下式

$$B_n = \frac{\lambda r \sin\theta}{4\pi h} \varphi_{\text{topo}} \tag{4.25}$$

式中，λ 为波长；r 为斜距；h 为 DEM 地面控制点的高程；θ 为入射角；φ_{topo} 为地形相位，从而计算出基线长度和基线倾角。本文利用 GDEM 和 SRTM3 两个 DEM 数据对干涉结果进行分析。为有效分析两种 DEM 地面控制点改进基线的精度，在选取地面控制点时，选取原则是选取同一地理坐标下的 DEM 点，并位于平坦地区且均匀分布，对应的干涉相干系数大，共选取了 17 个控制点，这些控制点的高差如图 4.10 所示，其中最大值为 14.605 m，最小值为 0.479 m。利用 DEM 地面控制点改善基线后再进行二轨差分，从而得到了相应的差分干涉图，经过频谱分析得到了该差分干涉图的残余条纹，见表 4.6。从图 4.10 和表 4.6 可以看出，尽管利用两种 DEM 地面控制点得到的基线相差较大，但是其差分干涉图的残余条纹数相差无几，且两个差分干涉图的信噪比和相干性也相差甚微，即说明在利用 DEM 地面控制点改善基线时，ASTER GDEM 和 SRTM3 两者的效果几乎相同。

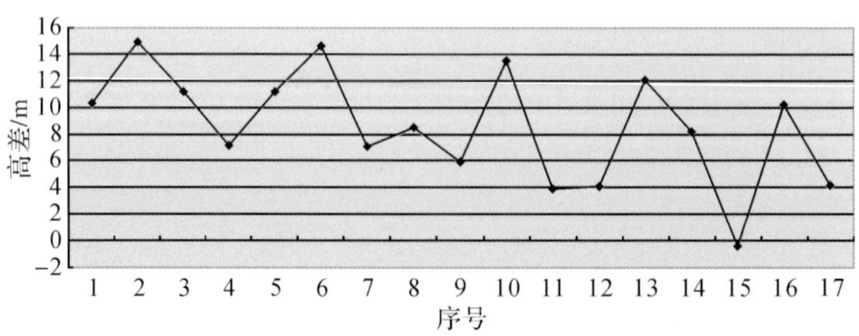

图 4.10 两种 DEM 地面控制点的高差连线

表 4.6 利用地面控制点改善基线后的差分干涉图性质比较

干涉图性质 / DE 类型	垂直基线分量/m	平行基线分量/m	干涉图残余条纹数		SNR	相干性
			方位向	距离向		
SRTM3	−196.47	−63.46	−1	−2	7.679 3	0.884 7
GDEM	−196.6	−63.680	1	−2	7.683 11	0.884 8

注：表中的“−”表示在后续数据处理中，需要在干涉图中加上的条纹数。

§4.6　小　结

本章介绍了合成孔径雷达干涉测量的去相干性因素，重点研究了影响星载宽幅合成孔径雷达干涉的几何去相干，且宽幅 SAR 干涉的极限基线长度是条带 SAR 的 $1/n$。距离向去相干和方位向去相干不是导致其干涉极限基线较短的原因，主要原因是宽幅 SAR 分辨单元较大，从而导致其分辨单元中的高差超过相干高差的概率相对于条带要高 n 倍。尽管扫描同步是宽幅 SAR 干涉形成的前提条件，但是随着 SAR 卫星定轨和设备稳定性技术的发展，同步性现已不是影响其干涉测量的主要因素。最后介绍和研究了基线误差、DEM 误差和大地水准面差距对宽幅 SAR 干涉结果的影响，且用巴姆地震的实验进行了分析验证。

第 5 章　宽幅 SAR 干涉图大气效应校正

§5.1　概　述

大气折射延迟是传统合成孔径雷达干涉测量中的一个重要误差源，其产生原因是雷达信号在大气中传播时受到大气对流层和电离层的折射，其相位得到延迟或者提前。1994 年，在研究 1992 年的 Landers 地震时，最先发现了 InSAR 干涉图中的大气效应影响(Massonnet et al,1994)。此后，众多学者对这一现象进行了关注和研究，也提出很多的修正方法(Hanssen,1998,2002;Li Zhenhong,2005;张诗玉,2009)。

与其他模式干涉类同，星载宽幅合成孔径雷达差分干涉图中的大气影响与其他误差(如 DEM 和基线误差)一样也严重地影响着其最终的形变监测结果，但与其他误差影响规律不同，大气影响不受雷达成像几何关系的影响，只与两次对地面观测时的大气相对状态有关。大气影响可达数厘米，故为了能获得有效研究区域的形变场，需对星载宽幅合成孔径雷达干涉图中的大气效应影响规律和其校正方法进行研究。

§5.2　宽幅 SAR 干涉测量中的大气影响分析

地球周围的大气总称为大气圈或大气层，大气层相互之间是紧密联系的，不存在绝对界限。对流层是大气的最底层，厚 10～15 km，这一层的特点是大气对流活动显著;从对流层顶到约 50 km 的大气范围内，称为平流层;从对流层顶到高程约 85 km 的大气范围称为中间层;中间层上面是热层，由于受太阳 X 射线和紫外线的照射，导致了大量电离，热层即电离层。

无论是传统地面大地测量，还是空间大地测量，都要利用不同频率的电磁波来进行观测。当这些电磁波在大气中传播时，它们的传播路径和速度都受到不同程度的影响。在卫星大地测量如 GPS 和 VLBI 中，大气延迟是影响电磁波传播的关键因素。

在过去的几十余年中，InSAR 技术受到了较大的发展，现得到了广泛的应用，如地震监测、火山形变、地面沉降和冰川移动等。ScanSAR 干涉测量作为传统 InSAR 技术的一个拓展，与传统 InSAR 一样受到了大气的影响。

尽管合成孔径干涉测量受到大气的影响，但是其受到的影响方式和程度不同。首先，SAR 卫星的电磁波信号不是沿地面目标天顶方向进行观测，而是以一个固定的视角对地面进行扫描，另外其在地面的波束脚印与天线近似一个斜圆锥，如图 5.1 所示；其次，其电磁波传播是双程的。

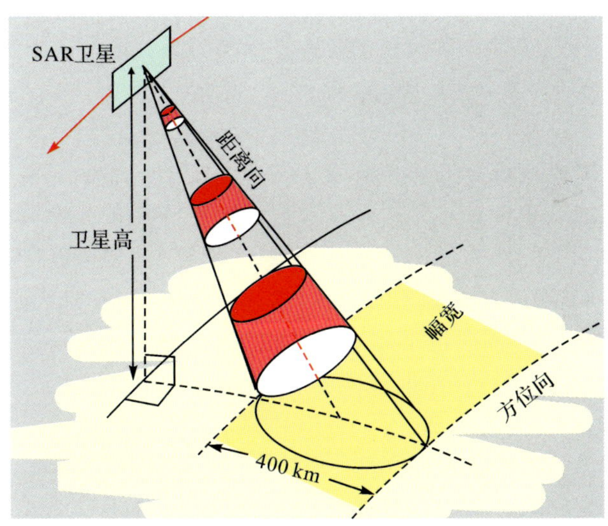

图 5.1　合成孔径雷达干涉测量中的大气影响示意图

因此，对于星载宽幅差分干涉测量而言，在考虑大气的影响条件下，电磁波两次成像时的传播路径分别为

$$r^1=\rho^1+d_{\mathrm{trop}}^1+d_{\mathrm{ion}}^1 \tag{5.1}$$

$$r^2=\rho^2+d_{\mathrm{trop}}^2+d_{\mathrm{ion}}^2 \tag{5.2}$$

式(5.1)和式(5.2)中，r 代表 SAR 卫星到地面目标的距离；d_{trop} 是对流层延迟；d_{ion} 是电离延迟；1 和 2 分别标记两次成像时间 t_1 和 t_2。

根据式(5.1)与式(5.2)，相干后的路径差为

$$\Delta r=r^2-r^1=\rho^2-\rho^1+d_{\mathrm{trop}}^2-d_{\mathrm{trop}}^1+d_{\mathrm{ion}}^2-d_{\mathrm{ion}}^1 \tag{5.3}$$

相应的相位差为

$$\phi=\frac{4\pi}{\lambda}\Delta r=\frac{4\pi}{\lambda}(\rho^2-\rho^1+d_{\mathrm{trop}}^2-d_{\mathrm{trop}}^1+d_{\mathrm{ion}}^2-d_{\mathrm{ion}}^1) \tag{5.4}$$

从式(5.4)可以看出，对流层影响的相位为

$$\Delta\phi_{\mathrm{trop}}=\frac{4\pi}{\lambda}(d_{\mathrm{trop}}^2-d_{\mathrm{trop}}^1)=\frac{4\pi}{\lambda}\Delta d_{\mathrm{trop}}^{1,2} \tag{5.5}$$

电离层的影响为

$$\Delta\phi_{\mathrm{ion}}=\frac{4\pi}{\lambda}(d_{\mathrm{ion}}^2-d_{\mathrm{ion}}^1)=\frac{4\pi}{\lambda}\Delta d_{\mathrm{ion}}^{1,2} \tag{5.6}$$

从式(5.5)和式(5.6)可以看出,对流层和电离层延迟对合成孔径雷达干涉测量的影响在时域内具有一次差分。

由于宽幅 SAR 干涉测量是一种相对测量方式,由式(5.4)得到的相位是缠绕的,故还需要解缠相位。在进行相位解缠时,需要在缠绕相位图中选定参考点,其余点的解缠相位都是以这些参考点进行相位解缠的,故干涉图中其他点的大气影响也是相对参考点的,其在空间域还要进行一次差分,即

$$\nabla\Delta\phi = \Delta\phi_{\text{trop}}^{p} - \Delta\phi_{\text{trop}}^{q} \tag{5.7}$$

$$\nabla\Delta\phi = \Delta\phi_{\text{ion}}^{p} - \Delta\phi_{\text{ion}}^{q} \tag{5.8}$$

式中,q 为相位解缠时的参考点。式(5.7)和式(5.8)为 ScanSAR 干涉测量时的大气双差模型。

电离层位于 60～2 000 km 的高度,主要集中在 350 km 附近,电离层内存在线性尺度达数千米至数百千米的不均匀体(袁运斌,2002),呈现大尺度特性,又因为 SAR 卫星呈斜圆锥状,同时由于对地面的扫描面积约数百平方千米,所以其影响较小,在通常情况下,通过在空间域差分后基本消除,故本书不讨论。

对流层延迟可以分为两部分,干延迟和湿延迟。干延迟是由非水蒸气部分的大气延迟产生的,约占总延迟的 90%,其模型精度可达亚毫米级。另外,由于干延迟在时域内比较稳定,在空域内具有大尺度变化的特性,经过双差以后基本可以忽略不计。湿延迟是由大气中水蒸气部分引起的,约占总延迟的 10%,但由于水蒸气在大气中的分布极不均匀,而且变化较快,很难建立实时精确的模型,在天顶方向湿延迟的变化范围为 1～80 cm。因此,对流层延迟的主要误差是由湿延迟引起的(张双成,2009)。

综上可知,大气延迟在重轨干涉测量中实质上主要包含湿延迟和液态水延迟。下面我们把大气延迟均归结为湿延迟和液态水延迟,统称为对流层延迟。

§5.3 基于外部数据的大气改正方法

5.3.1 基于 GNSS 的改正方法

1997 年,Bock 和 Williams 首先提出 InSAR 与 GPS 融合的思想,在随后 Williams 等的研究中,考虑用 GPS 连续运行站网数据削弱 InSAR 测量中的大气噪声。Williams 等的试验结果表明,利用 GPS-ZWD 削弱大气影响的能力取决于内插算子的有效性和 ZWD 观测值本身的精度。Hanssen 指出内插算子的有效性依赖于 GPS 观测值的密度(Hanssen,2002),而且由于内插算子的局限性和接收机不规则的分布,内插时会引入未知的短波误差。

全球导航卫星系统(global navigation satellite system,GNSS)指所有的卫星

导航系统，包括全球的、区域的和增强的，如美国的 GPS、俄罗斯的 GLONASS、欧洲的 Galileo、中国的北斗卫星导航系统，以及相关的增强系统，如美国的 WAAS（广域增强系统）、欧洲的 EGNOS（欧洲静地导航重叠系统）和日本的 MSAS（多功能运输卫星增强系统）等，还涵盖在建和以后要建设的其他卫星导航系统。国际 GNSS 系统是个多系统、多层面、多模式的复杂组合系统。基于 GNSS 的 ScanSAR 干涉图大气效应改正方法是利用 GNSS 和 SAR 两种传感器的相似性来改善干涉图中的大气效应。全球导航卫星和合成孔径雷达卫星都是空间对地观测器，发射的都是电磁波，在穿过大气层时，大气对电磁波信号传播的影响都是信号延迟和传播路径弯曲。大气水汽不但随高度变化，而且在空间和时间上变化也较大，对合成孔径雷达干涉测量的结果影响较大，可达厘米级（张诗玉，2009），因此这一噪声在 InSAR 数据处理中需予以去除或削弱。在 GPS 定位中，大气噪声作为一个随机参数在数据处理中进行估计，而在合成孔径雷达干涉测量中，大气噪声却难以作为一个参数进行估计。

基于 GNSS 的大气效应改正主要有以下步骤：

（1）利用 GPS 观测数据计算对流层天顶总延迟（zenith total delay，ZTD，单位 cm），利用经验模型计算天顶干延迟分量，并分离出天顶湿延迟量（zenith wet delay，ZWD，单位 cm），其流程如图 5.2 所示。

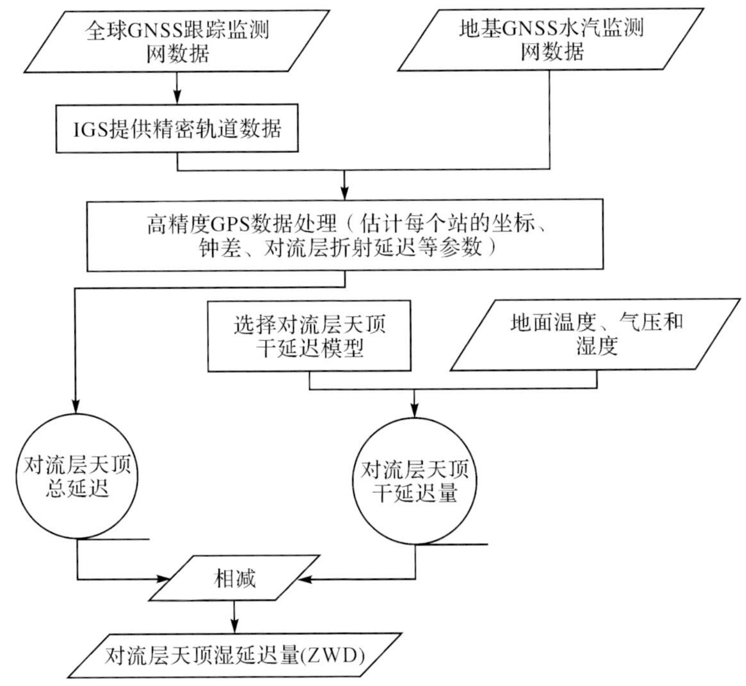

图 5.2　基于地基 GNSS 的遥感天顶湿延迟量流程

(2)尽管 ScanSAR 干涉图分辨率较低,如 ENVISAT 的干涉图分辨率为 150 m,但与 GNSS 测站之间的距离相比,GNSS 测站相距仍太远。因此,为了有效去除差分干涉图中的大气影响,必须对 GNSS 得到的延迟结果进行内插。因为 ZTD 与高程和坐标有很大关系,内插的方法需要考虑 GNSS 站高程信息,因此可采用神经网络插值方法来计算对流层天顶湿延迟。在求出对流层天顶总延迟后,将延迟转换到视线方向即得到大气延迟。

(3)通过双差算法改正对流层延迟。只有两次获取 SAR 影像之间的相对对流层延迟才会对 InSAR 推导的变形信息产生扭曲,其原因是所用的量是相位差,且在影像上形变总是参考于一个稳定的点。因此,GPS 观测量的站间和历元间的双差算法可以得到宽幅 SAR 干涉结果的大气改正量。

GNSS 和合成孔径雷达干涉测量在监测小区域大气对流层变化方面有着相似之处,都可以监测到地面附近的对流层延迟,精度达到毫米级。但是它们的区别也很明显,体现在监测范围、传播路径和测量精度等以下几个方面(李陶,2004):

(1)合成孔径雷达干涉测量只能监测两次成像时刻(每次成像时间不超过 16 s)当地对流层的变化值非绝对值,GPS 能监测到测站附近连续的对流层天顶延迟变化,一般是每 30 s 采样一次,可以连续观测。

(2)如图 5.3 所示,SAR 雷达波的入射角为 23°左右,它观测的是以 23°角侧视方向上的对流层延迟,转换为当地天顶延迟需要乘以 cos23°。而 GPS 监测的是天顶对流层延迟,是测站位置上空一个圆锥体内大气对流层延迟的平均值,这个圆锥顶角与 GPS 观测时的高度截止角(一般为 15°～20°)有关。

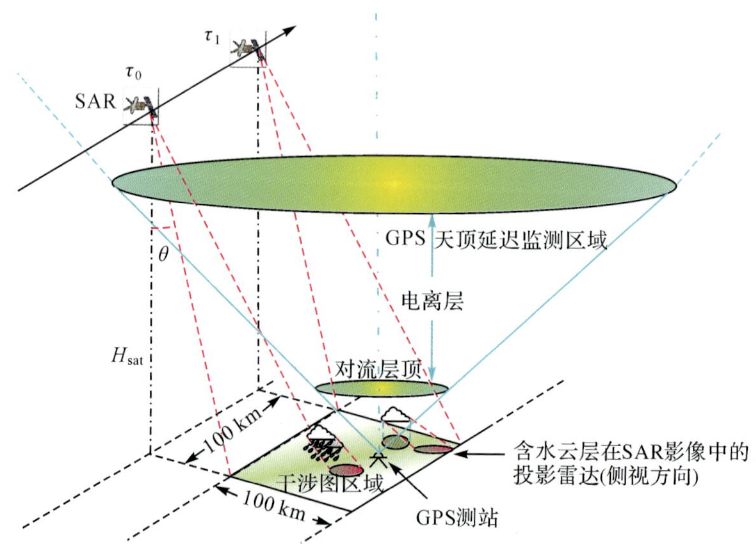

图 5.3 GPS 测站观测区域和 SAR 成像区域比较

(3) 通过图 5.3 和图 5.4 的几何关系可知,GPS 监测范围和合成孔径雷达监测范围存在差异,其重叠部分是 GPS 测站所成圆锥体与 SAR 照射所成柱面相交的部分。显然,合成孔径雷达干涉测量顾及了地表附近大气折射的影响,而 GPS 对远离测站的地表大气折射无能为力。

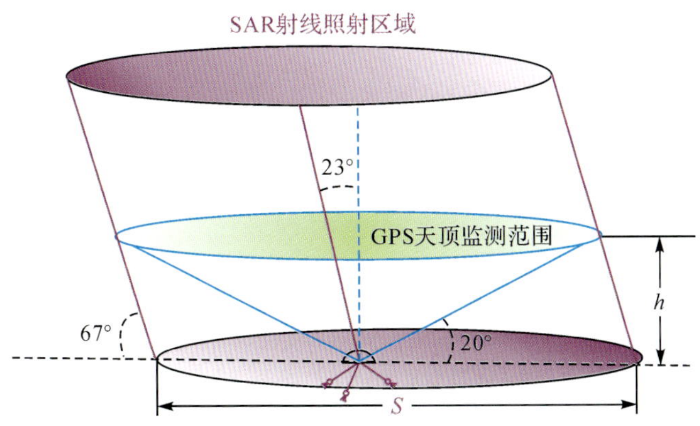

图 5.4　GPS 大气监测和 SAR 图像照射区域的相交部分

(4)由于 GPS 卫星在天空中的分布并不是时刻都保持均匀状态,且 GPS 接收机监测到的也只是 GPS 卫星到接收机(点对点)传播路径上的对流层变化,因此 GPS 测站监测的结果并不是图 5.4 所示的圆锥体中大气的平均值,而是不均匀分布 GPS 卫星所测得的圆锥体内大气延迟的一个近似值。研究显示,GPS 监测天顶对流层的精度可以达到 5 mm 左右,但是对于 SAR 射线照射的斜距方向所能达到的精度有待进一步研究。

无疑,利用 GNSS 技术能获取对流层延迟量,从而达到降低星载宽幅合成孔径雷达干涉图中的大气效应,在数量级、空间分布及表现形式方面两者表现一定的相似性。然而 GNSS 测站的稀疏性决定了基于 GNSS 的大气效应校正方法的局限性,即只能去除大气效应在宽幅合成孔径雷达干涉图中的长波项影响,而对短波项的影响却无能为力。另外,对利用 GNSS 获取的对流层延迟进行内插时,也会带来内插的模型误差。

5.3.2　基于 MERIS 数据的改正方法

为了去除或降低大气效应对合成孔径雷达干涉测量结果的影响,可利用光学遥感辐射计来获取大气效应并改善其在星载宽幅合成孔径雷达干涉图中的影响。光学遥感辐射计一般是从卫星对地面观测,从而获取全球范围内的大气分布,这是其优势所在。

搭载在欧洲空间局环境卫星(environmental satellite,ENVISAT)上中分辨

率影像光谱仪(medium resolution imaging spectrometer, MERIS)提供全球范围的高分辨水汽分布,并且这两个数据在白天可以同时获取,利用 MERIS 0 级产品可以提供水汽含量信息和云信息,也可利用其二级产品即 290 m×260 m(MER_FR_2P)和 1.2 km×1.04 km(MER_RR_2P)来获取水汽分布,其中 MER_RR_2P 产品可通过欧洲空间局网站获取。MERIS 传感器在可见光至近红外光谱范围内(390～1 040 nm)设置 15 个波段,带宽为 3.75～20 nm,在可见光波段平均带宽为 10 nm。基于 MERIS 数据改善 SAR 干涉中的大气效应,不仅可有效避免水汽和氧气吸收带的影响,而且能较大程度提高校正大气的精度,用于大气校正的 MERIS 数据两个波段为 12 和 13 波段,其带宽分别为 15 nm 和 20 nm,中心波长分别为 778.75 nm 和 865 nm,有关 MERIS 的具体参数设置可参见其产品手册。与其他基于外部数据如 MODIS 的大气效应校正方法相比,利用 MERIS 数据来校正 ASAR 干涉图中的大气效应更有优势。因为 ASAR 成像时间和获取 MERIS 数据的时间完全一致,空间分辨率与 SAR 数据最接近,尤其是 ScanSAR 干涉图的分辨率与其更为接近。

利用 MERIS 来校正大气效应的基本思想是:利用与 SAR 数据扫描时间对应的两景 MERIS 数据,经过配准分辨率统一后进行差分而得到大气信息,再利用函数模型将其转换为路径延迟,然后再把该路径延迟量从 ScanSAR 差分干涉图中减去,从而达到校正大气效应的目的,该校正思想的流程如图 5.5 所示。从图 5.5 中可以看出,利用 MERIS 数据校正 ScanSAR 干涉图的大气效应,主要涉及去云和空间插值、配准、差分和转换大气延迟等步骤。因为 MERIS 的水汽算法对云的存在非常敏感,所以需要用云类别产品标识出云污染情况,然后对其进行插值(李小凡 等,2009)。为了避免插值误差,也可不对 MERIS 数据进行插值处理,只需利用 MASK 法进行标定而不去除。现在难以处理的是非完全是云的数据块,对此可考虑用高光谱的方法来处理,但需进一步研究。在利用两景 MERIS 数据得到水汽含量(IWV)后,可利用一定的关系式得到天顶湿延迟,即

$$d_{\mathrm{ZWD}}=10^{-6}\left(n_1'+\frac{n_2}{T_M}\right)\cdot\frac{K_0}{m}\cdot\mathrm{IWV} \tag{5.9}$$

式中,n_1'、n_2 为反射率常数;$K_0=8.314\ 34$ J/(mol·K),为普适水汽常数;T_M 为加权平均温度;$m=18.015\times10^{-3}$ kg/mol,为水汽的摩尔质量。

为了把大气影响从 ScanSAR 差分干涉图去除,需要将计算得到的天顶对流层延迟差分结果转换为相位信息,其式如下

$$\Delta\phi_{\mathrm{trop}}=\frac{4\pi}{\lambda}\cdot\frac{d_{\mathrm{ZWD}}}{\cos\theta} \tag{5.10}$$

式中,$\Delta\phi_{\mathrm{trop}}$为由于大气影响的双路径差分相位;$\theta$ 为 SAR 卫星的入射角,与 SAR 卫星有关。从式(5.10)可以看出,水汽对差分干涉图的影响是随着 SAR 卫星入射

角的增加而增加的。

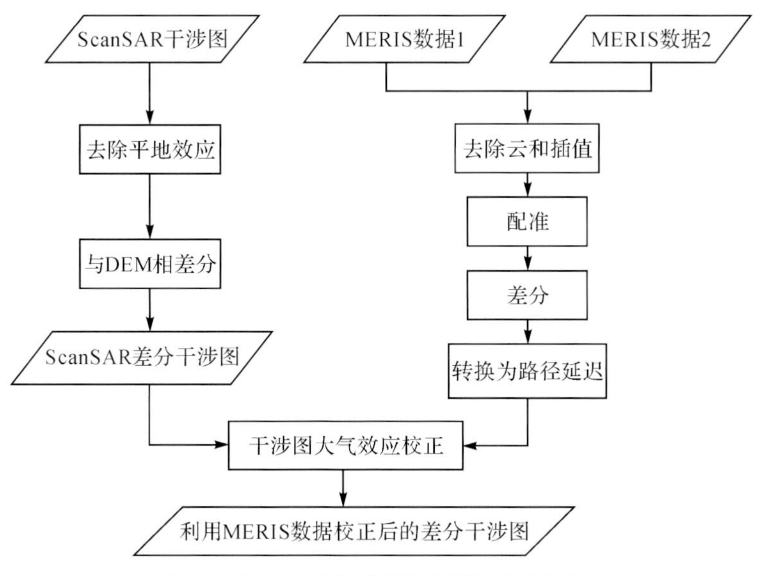

图 5.5　加入大气校正模块的两图像差分流程

5.3.3　基于 DEM 的大气效应改正

众所周知，大气中所包含的物质如热量、水汽和污染物在进行流动时主要受到地形和风的影响，其中风的影响是大尺度的，而地形的影响则是小尺度的，而宽幅 SAR 差分干涉图的大气效应则是经过双差分而得到的，无疑大尺度的大气效应可有效去除，留下的是由地形带来的一些小尺度大气效应。基于 DEM 的大气效应改正方法，其基本思想是根据大气效应与地形即地面高度具有一定的相关性，建立基于 DEM 的函数模型，从而对星载宽幅合成孔径雷达差分干涉图中的大气效应进行校正。

欲建立基于 DEM 的大气效应校正模型，最简单的方法是线性回归模型，即

$$\Delta\phi_{\mathrm{DEM}}^{\mathrm{trop}} = a_0 + a_1 H(x, y) \tag{5.11}$$

式中，$\Delta\phi_{\mathrm{DEM}}^{\mathrm{trop}}$ 是大气效应所导致的延迟相位；a_0、a_1 是待求的参数；$H(x,y)$ 是 DEM 在坐标(x,y)处的高程，此处计算算例可见 § 6.2。

关于利用 DEM 数据来校正大气效应，国内外学者已付出努力并取得了一定成果，GTTM 改正模型有效地把 SCIGN 区域 ERS Tandem 干涉图解缠后的相位残差由改正前的 10 mm 降到改正后的 5 mm（Li Zhenhong，2005）。在分析现有 GPS 大气水汽插值方法的缺点后，建立了基于神经网络、GPS 和 SRTM DEM 的大气水汽插值模型 BP_DEM_GPS，该模型精度可以达到 7.3 mm，去除外推点后，

可达 6.7 mm(张诗玉,2009)。所有这些方法都能有效地校正大气效应,但由于条带模式覆盖范围窄,而 ScanSAR 差分干涉图范围宽,可考虑基于流域的大气效应校正方法。

§5.4 基于非外部数据的大气改正方法

5.4.1 平均法

平均法是指对研究区域的多个 ScanSAR 独立干涉图进行平均,以达到降低大气噪声的目的。研究表明,中性大气在时间间隔大于一天的情况下不相关(Hanssen, 1998),因此通过平均 N 个独立的干涉图,可以把干涉图中大气噪声水平降低到 $1/N$。Massonnet 等利用线性结合来区别大气信号和其他信号分量(Massonnet et al,1995),该方法至少需要 3 幅干涉图,而且要求有一共同 SAR 影像。如果在共有影像中出现了大气异常,那么它会影响到每个干涉图。因此把这两幅干涉图相加或相减会完全去除这种大气异常的影响。无论是简单平均还是线性结合,都要求 SAR 影像获取期间发生的是线性形变。

5.4.2 干涉图叠加法

干涉图叠加法也称 Stacking 方法,与短基线集法、点目标分析法、相干目标分析法和 PS 法一样,是近年来由国内外学者为了削弱条带模式干涉图中大气效应而提出的多个干涉数据对处理方法。

干涉图叠加法是将研究区域的多幅差分干涉图进行叠加,从而达到削弱大气效应对形变监测结果的影响。该方法采用的主要是基于一种假设,即在独立的差分干涉图中,大气效应相位是随机的,且研究区域的形变为线性速率。

设有 N 个独立的 ScanSAR 差分干涉图,其相位为 φ_i($i=1,2\cdots,N$),每个差分干涉图所对应的时间间隔为 t_i,其平均形变相位为

$$\varphi=\frac{1}{N}\sum_{i=1}^{N}\varphi_i \tag{5.12}$$

故研究区域的平均形变速率为

$$v_{\text{defo}}=\frac{\lambda\varphi}{2\pi t} \tag{5.13}$$

式中,t 为累加的时间长度。

对应的大气效应相位误差为

$$\Delta_{\text{atom}}=\frac{\lambda\sqrt{N}\sigma}{4\pi t} \tag{5.14}$$

式中，σ 为一个差分干涉图中的大气相位误差（范景辉 等，2008）

运用 Stacking 方法只需几幅差分干涉图（5 幅以上）就可以减少大气影响，提高形变精度（张诗玉，2009）。但是，该方法不是对所有点进行叠加，只是对相干性较高的点进行叠加。如果相干点较低的点进行叠加，则会影响最终形变监测结果。

5.4.3 PS 法

2001 年，Ferretti 针对条带模式应用于微小地表形变监测时易受到时空去相关和大气的影响，提出了研究雷达成像区域内散射特性稳定的像元而放弃去相关严重的目标像元，通过分析干涉图中稳定像元的相位变化，即通过迭代算法来求解一个非线性系统，得到 DEM 误差、视线方向上形变速率及大气影响的常数项和线性项的精确估计，从而减弱大气延迟和时空去相干影响，提高 DInSAR 监测地表形变的精度和可靠性，称为 PS 方法。自 PS 方法提出以来，得到了广泛的应用（Ferretti et al，2001；Rocca，2005），但 PS 技术的一个缺点就是必须使用大量的影像（26 景以上）才能得到可靠的结果（张诗玉，2009）。另外，PS 技术的性能高度依赖研究区域内可靠稳定散射体的数量和分布。

由于宽幅模式分辨率低，分辨单元大，在干涉时易受到时空去相关和大气影响，尤其是第 4 章所述的体散射去相干甚为严重，故将 PS 方法应用于宽幅差分干涉测量无疑会更加有效利用宽幅 SAR 数据，其优点主要有：

（1）能提供厘米级的监测精度。

（2）能避免时间去相干。

（3）能降低大气效应的影响。

（4）能降低由于 ScanSAR 低分辨率所导致的体散射去相干影响。

（5）能降低 ScanSAR 扫描非同步导致的去相干影响。

在这些优点中，前三点与条带模式的 PS 方法所带来的优点相同，而后两点可以显著地改善宽幅模式固有的缺陷。为了能将 PS 方法应用于 ScanSAR 差分干涉中，形成 S-PSDInSAR 理论（ScanSAR based Persistent Scatterer DInSAR，S-PSDInSAR），Guarnieri 对 ScanSAR 干涉测量的 PS 方法利用 ERS 仿真数据进行了初步的研究，认识到 PS 方法在 ScanSAR 干涉中的局限性和可能性（Guarnieri，2000）。2009 年 Gudipati 博士利用仿真数据系统地研究了 PS 方法在宽幅差分干涉测量中的应用，S-PSDInSAR 的流程如图 5.6 所示。

从图 5.6 可以看出，S-PSDInSAR 时序差分干涉处理流程与条带 PS 法几乎相同，其主要不同有两个方面：

（1）存在拼接，这在第 3 章和第 2 章已经研究，在此不再赘述。

（2）PS 点的提取：条带模式的 PS 法是假定在一个分辨单元中只有一个处于主导地位的散射点，即 PS 点；而宽幅模式的分辨率比条带模式低，分辨单元比条带模式大几倍，分辨单元太大导致体散射去相关很严重，因此相比于条带模式的数据，在宽幅 SAR 影像中能找到 PS 点的概率要低许多。在 2009 年，Gudipati 做了一个关于从 ScanSAR 数据一个分辨单元中提取一个 PS 点的试验。对同样一块区域，把相干阈值设为 0.75 时，在条带模式数据中可以提取 66 501 个 PS 点，而在 ScanSAR 模式数据中则只提取到 225 个 PS 点，少于总像素的 0.2%，当把相干阈值设为 0.65 时，则从 ScanSAR 模式数据只提取 2 100 个 PS 点，PS 点密度为 10 PS/km^2，则相应的条带模式数据的 PS 密度为 312 PS/km^2，并得出在这两种情况下，PS 点密度都不足以反映研究区域的形变速度。为了有效利用 PS 方法，有必要研究在一个分辨单元中的多 PS 点模型及其相应的 PS 处理方法，以能完全反映形变区域的形变特征。

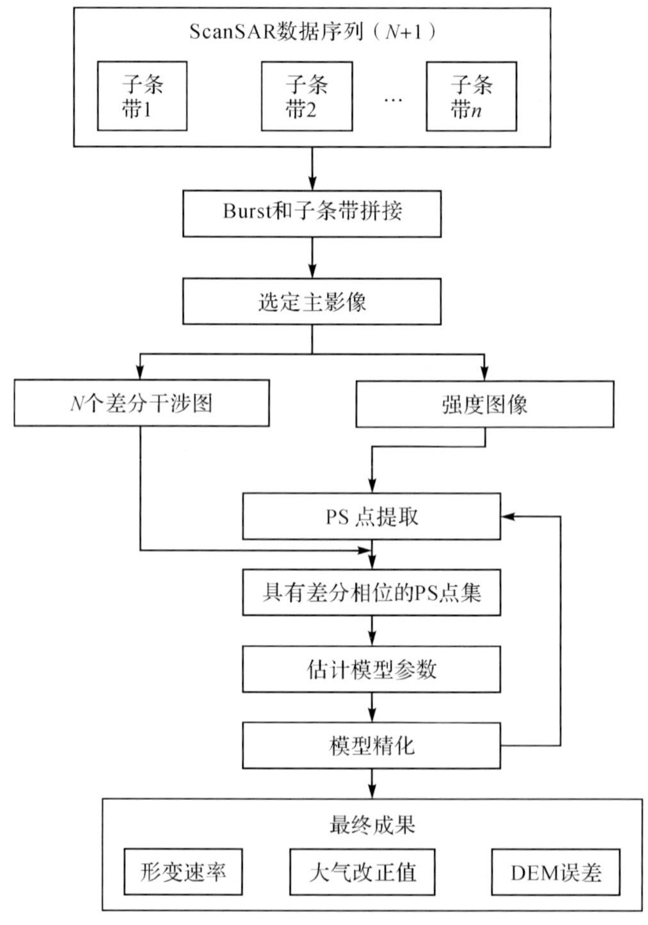

图 5.6　S-PSDInSAR 时序差分干涉处理流程

1. 多 PS 点模型

如图 5.7 所示，现设在 ScanSAR 数据的一个分辨单元中，存在两个 PS 点即 P_1 和 P_2，其后向散射系数分别为 K_1 和 K_2，则

$$\left.\begin{aligned} K_1 &= A_{P_1}\exp(-j\psi_{P_1}) \\ K_2 &= A_{P_2}\exp(-j\psi_{P_2}) \end{aligned}\right\} \tag{5.15}$$

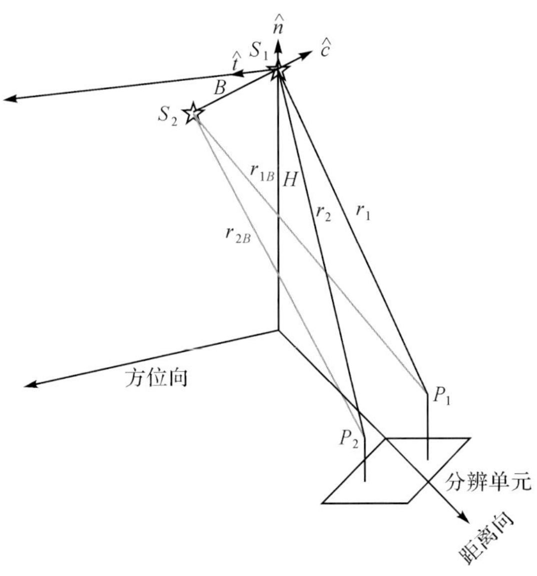

图 5.7　同一分辨单元中两 PS 点的重轨干涉几何示意图

式中，A_{P_1} 和 A_{P_2} 分别为 P_1 和 P_2 的反射强度；ψ_{P_1} 和 ψ_{P_2} 分别为 P_1 和 P_2 的相位。则同一分辨单元中的两个 PS 点的回波信号可写为

$$R_1 = K_1\exp\left(-j\,\frac{4\pi}{\lambda}r_1\right) + K_2\exp\left(-j\,\frac{4\pi}{\lambda}r_2\right) \tag{5.16}$$

同样在第二次对单元扫描时，其回波信号可写为

$$R_2 = K_1\exp\left\{-j\,\frac{4\pi}{\lambda}(r_{1B}+v_1) + K_2\exp\left[-j\,\frac{4\pi}{\lambda}(r_{2B}+v_2)\right]\right\} \tag{5.17}$$

式中，v_1 和 v_2 是两 PS 点在两次成像期间沿视线向的变化量。由于 P_1 和 P_2 两点位于同一分辨单元，故可设

$$v_1 = v_2 = v \tag{5.18}$$

则两次成像后的干涉图 I 为

$$I = R_1R_2^* = \left[K_1\exp\left(-j\,\frac{4\pi}{\lambda}r_1\right) + K_2\exp\left(-j\,\frac{4\pi}{\lambda}r_2\right)\right]\times$$
$$\left[K_1^*\exp\left(j\,\frac{4\pi}{\lambda}r_{1B}\right) + K_2^*\exp\left(j\,\frac{4\pi}{\lambda}r_{2B}\right)\right]\exp\left(j\,\frac{4\pi}{\lambda}v\right)$$

$$=\left\{K_1K_2^*\exp\left[-j\frac{4\pi}{\lambda}(r_1-r_{1B})\right]+K_1K_2^*\exp\left[-j\frac{4\pi}{\lambda}(r_1-r_{2B})\right]+\right.$$
$$\left.K_2K_1^*\exp\left[-j\frac{4\pi}{\lambda}(r_2-r_{1B})\right]+K_2K_2^*\exp\left[-j\frac{4\pi}{\lambda}(r_2-r_{2B})\right]\right\}\exp\left(-j\frac{4\pi}{\lambda}v\right) \tag{5.19}$$

另外，由于在同一个分辨单元，故可设

$$r_1=r_2=r_0 \tag{5.20}$$

并令

$$\left.\begin{aligned}\eta_1&=K_1K_1^*+K_2K_1^*\\ \eta_2&=K_1K_2^*+K_2K_2^*\end{aligned}\right\} \tag{5.21}$$

则式(5.19)可变成

$$I=\left\{\eta_1\exp\left[-j\frac{4\pi}{\lambda}(r_0-r_{1B})\right]+\eta_2\exp\left[-j\frac{4\pi}{\lambda}(r_0-r_{2B})\right]\right\}\exp\left(-j\frac{4\pi}{\lambda}v\right) \tag{5.22}$$

从式(5.22)可以看出，同一个单元的两个 PS 点的干涉相位 ϕ^{int}(式(2.34))已经被去除了，因此该差分干涉信号可写成

$$\begin{aligned}S_{\text{diff}}&=(R_1R_2^*)\exp\{-j\phi^{\text{int}}\}\\ &=\left\{\eta_1\exp\left[-j\frac{4\pi}{\lambda}(r_0-r_{1B})\right]+\eta_2\exp\left[-j\frac{4\pi}{\lambda}(r_0-r_{2B})\right]\right\}\times\\ &\quad\exp\left(-j\frac{4\pi}{\lambda}\Delta r_0\right)\exp\left(-j\frac{4\pi}{\lambda}v\right)\end{aligned} \tag{5.23}$$

根据路径差，可将式(5.23)改写为

$$S_{\text{diff}}=\left\{\eta_1\exp\left[j\frac{4\pi}{\lambda}(\Delta r_1-\Delta r_0)\right]+\eta_2\exp\left[j\frac{4\pi}{\lambda}(\Delta r_2-\Delta r_0)\right]\right\}\times\exp\left(-j\frac{4\pi}{\lambda}v\right) \tag{5.24}$$

根据第 2 章和泰勒级数展开原理，得

$$\Delta r_1-\Delta r_0=r_0\left[1+\frac{1}{2}\left(-\frac{2\boldsymbol{B}_{/\!/1}}{r_0}+\frac{\boldsymbol{B}^2}{r_0^2}\right)+\cdots\right]-r_0\left[1+\frac{1}{2}\left(-\frac{2\boldsymbol{B}_{/\!/0}}{r_0}+\frac{\boldsymbol{B}^2}{r_0^2}\right)+\cdots\right] \tag{5.25}$$

$$\Delta r_2-\Delta r_0=r_0\left[1+\frac{1}{2}\left(-\frac{2\boldsymbol{B}_{/\!/2}}{r_0}+\frac{\boldsymbol{B}^2}{r_0^2}\right)+\cdots\right]-r_0\left[1+\frac{1}{2}\left(-\frac{2\boldsymbol{B}_{/\!/0}}{r_0}+\frac{\boldsymbol{B}^2}{r_0^2}\right)+\cdots\right] \tag{5.26}$$

略去高次项，得

$$\Delta r_1-\Delta r_0\approx\boldsymbol{B}_{/\!/0}-\boldsymbol{B}_{/\!/1} \tag{5.27}$$

$$\Delta r_2-\Delta r_0\approx\boldsymbol{B}_{/\!/0}-\boldsymbol{B}_{/\!/2} \tag{5.28}$$

又因为在 TCN 坐标系中有

$$\boldsymbol{B}_{/\!/1}=\boldsymbol{B}_c\sqrt{1-\sin^2\theta_{sq1}-\cos^2\theta_1}-\boldsymbol{B}_n\cos\theta_1 \tag{5.29}$$

$$\boldsymbol{B}_{/\!/2}=\boldsymbol{B}_c\sqrt{1-\sin^2\theta_{sq2}-\cos^2\theta_2}-\boldsymbol{B}_n\cos\theta_2 \tag{5.30}$$

式中，θ_{sq1}、θ_{sq2} 分别是两次成像时的斜视角，根据雷达几何成像原理，又因两 PS 点在同一像元，则

$$\theta_{sq1}\approx\theta_{sq2}\approx 0 \tag{5.31}$$

同理

$$\theta_1=\theta_0+\Delta\theta_1,\quad \Delta\theta_1\ll 1 \tag{5.32}$$

$$\theta_2=\theta_0+\Delta\theta_2,\quad \Delta\theta_2\ll 1 \tag{5.33}$$

根据式(5.32)和式(5.33)，得

$$\sin\theta_1=\sin(\theta_0+\Delta\theta_1)\approx\sin\theta_0+\cos\theta_0\Delta\theta_1 \tag{5.34}$$

$$\sin\theta_2=\sin(\theta_0+\Delta\theta_2)\approx\sin\theta_0+\cos\theta_0\Delta\theta_2 \tag{5.35}$$

$$\cos\theta_1=\cos(\theta_0+\Delta\theta_1)\approx\cos\theta_0-\sin\theta_0\Delta\theta_1 \tag{5.36}$$

$$\cos\theta_2=\cos(\theta_0+\Delta\theta_2)\approx\cos\theta_0-\sin\theta_0\Delta\theta_2 \tag{5.37}$$

综合式(5.29)、式(5.30)、式(5.31)、式(5.34)、式(5.35)、式(5.36)和式(5.37)得

$$\begin{aligned}\boldsymbol{B}_{/\!/0}-\boldsymbol{B}_{/\!/1}&=(\boldsymbol{B}_c\sin\theta_0+\boldsymbol{B}_n\cos\theta_0)-\boldsymbol{B}_c(\sin\theta_0+\cos\theta_0\Delta\theta_1)-\boldsymbol{B}_n(\cos\theta_0-\sin\theta_0\Delta\theta_1)\\&=[-\boldsymbol{B}_c\cos\theta_0+\boldsymbol{B}_n\sin\theta_0]\Delta\theta_1\\&=-\boldsymbol{B}_{\perp 0}\Delta\theta_1\end{aligned} \tag{5.38}$$

同理得

$$\boldsymbol{B}_{/\!/0}-\boldsymbol{B}_{/\!/2}=-\boldsymbol{B}_{\perp 0}\Delta\theta_2 \tag{5.39}$$

众所周知，在 ScanSAR 的同一分辨单元内，入射角的变化主要是由 DEM 的高程不同引起的，即

$$\Delta\theta_1=\frac{\Delta h_1}{r_0\sin\theta_0} \tag{5.40}$$

$$\Delta\theta_2=\frac{\Delta h_2}{r_0\sin\theta_0} \tag{5.41}$$

式(5.40)、式(5.41)中，Δh_1 和 Δh_2 分别是两个 PS 点即 P_1 和 P_2 相对于位于同一分辨单元参考点 P_0 的高差。

结合式(5.24)、式(5.27)、式(5.28)、式(5.38)、式(5.39)、式(5.40)和式(5.41)得

$$S_{\text{diff}}=\left[\eta_1\exp\left(j\frac{4\pi}{\lambda}B_{\perp 0}\frac{\Delta h_1}{r_0\sin\theta_0}\right)+\eta_2\exp\left(j\frac{4\pi}{\lambda}B_{\perp 0}\frac{\Delta h_2}{r_0\sin\theta_0}\right)\right]\times\exp\left(-j\frac{4\pi}{\lambda}v\right) \tag{5.42}$$

则第 k 个差分干涉图的相位可表示为

$$S_{\text{diff}}^k=[\eta_1\exp(j\beta^k\Delta h_1)+\eta_2\exp(j\beta^k\Delta h_2)]\exp\left(-j\frac{4\pi}{\lambda}v\right) \tag{5.43}$$

故 N 个 PS 模型为

$$S_{\text{diff}}^{k}=\sum_{i=1}^{M}\eta_{i}\exp\left[j\left(\beta^{k}\Delta h_{i}-\frac{4\pi}{\lambda}v\right)\right] \tag{5.44}$$

2. 模型参数估计

式(5.44)的参数估计是一个非线性估计，其中需要估计的参数有 η_i、β^k、Δh_i 和 v；β^k 是一个与干涉相位相关的常数；Δh_i 是 DEM 误差；v 是目标点的形变速度。

为了对式(5.44)进行非线性估计，可利用 1997 年提出(Stoica et al，1997)且在 2005 年实现的非线性最小二乘估计(Ferretti et al，2005；Gudipati，2009)来实现，其方法是建立一个目标函数，即

$$J=\sum_{k=1}^{N}\left|y_{k}-\sum_{i=1}^{M}\eta_{i}\exp\left[j\left(\beta^{k}\Delta h_{i}-\frac{4\pi}{\lambda}v\right)\right]\right|^{2} \tag{5.45}$$

然后对这个目标函数求解即得。

由于克服 ScanSAR 低分辨率分辨单元较大所导致的体散射去相干现象严重而无法找到有效多个 PS 点的缺陷，提出了多 PS 点模型。图 5.8 是基于单 PS 和两 PS 模型的 PS 提取情况比较(Gudipati，2009)，其中图 5.8(左)是利用单 PS 模型得到的 PS 点分布图，图 5.8(右)是利用两 PS 模型得到的分布图。从图 5.8 中可以看出，相比于单 PS 模型所提取的 PS 点，两 PS 模型提取的 PS 点要多许多。当阈值为 0.75，总像素的 7% 被提取为 PS 点，该区域 PS 点的密度为 44 PS/km^2；当阈值为 0.65，总像素的 20% 被提取为 PS 点，该区域 PS 点的密度为 120 PS/km^2，该 PS 点密度能反映研究区域的形变情况。

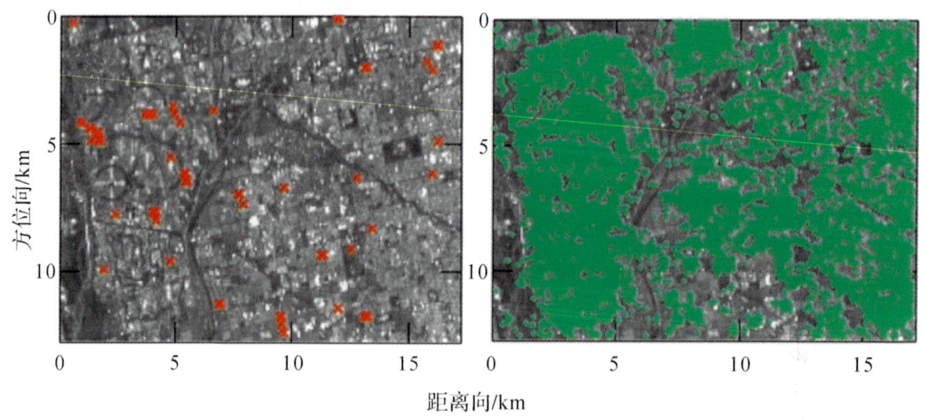

图 5.8 基于单 PS 和两 PS 模型的 PS 提取情况比较

尽管多 PS 模型能够有效提取许多 PS 点，进而得到研究区域的变形速率，但是在计算模型参数时，需要耗费大量的时间和内存。因此，并不是所有利用 ScanSAR 数据做 PS 分析时都要采用多 PS 模型。如当用 ENVISAT 卫星

ScanSAR 数据进行 PS 分析时，由于其分辨率太低（为 150 m），可采用多 PS 模型提取 PS 点；当用 COSMOS 数据进行 PS 分析时，由于其 ScanSAR 模式分辨率与 ENVISAT 条带模式的分辨率相当，故也可采用单 PS 模型提取 PS 点来进行 PS 分析。

综上所述，PS 法需要大量 SAR 数据，然而 ScanSAR 数据似乎太少。实际上随着 SAR 卫星设备性能和定轨技术的提高，将可获得很多宽幅 SAR 数据来进行 PS 法分析，如我国青藏高原西北的于田地区，通过 Eoli 软件查询欧洲空间局的 ENVISAT 卫星的 ScanSAR 数据，从 2007 年 1 月 1 日至 2010 年 9 月 10 日，轨道为 434 的降轨数据共 27 景，而其相应地区的 IM 数据只有 24 景，故利用 ScanSAR 数据来 PS 分析时，数据量并不是一个主要问题。

§5.5 小　结

本章阐述了宽幅合成孔径雷达差分干涉图中的大气效应校正方法，主要包括大气影响规律分析，基于外部数据和非外部数据的大气校正方法，其中重点研究了基于 DEM 和 MERIS 的大气校正方法。同时，在 Gudipati 研究的基础上，研究了宽幅合成孔径雷达 PS 流程，改善了适用于宽幅模式的多 PS 模型和计算流程。

第 6 章　多源多模式雷达干涉与融合

§6.1　概　述

星载 SAR 通常采用正侧视条带式工作模式，这是星载 SAR 的标准条带工作模式。根据用户的需求，20 世纪 90 年代，人们开始研究星载 SAR 的新工作模式。目前，经过实践验证，较成熟的有扫描模式（ScanSAR，又称宽幅模式（wide swath mode，WSM））、聚束式（spotlight）和条带模式（image mode）等几种工作模式。

随着社会经济的发展、人类活动的加剧，水库大坝、高速铁路、高速公路、摩天大厦和核电站等高大建筑物日益增多，再加上地壳断裂带、板块运动等地球物理现象，从而引发了一些如地震、泥石流和滑坡等地质灾害现象。为了避免其给人们的生命财产带来危害，有效地对地面变形进行实时监控和预警是十分必要的。星载 SAR 具有较大的视角范围，因此利用星载 SAR 进行地表形变监测相比其他传统监测方法（如水准测量和 GPS 监测）具有更大的优势。传统的 InSAR 模式（image mode，IM 模式，又称 Stripmap 模式）现已应用于地表形变监测，随着 1 m 高分辨率的 SAR 卫星如 TerraSAR 的升空，InSAR 技术在监测地质灾害方面具有更大的优势，甚至应用于建筑物、桥梁等的变形监测。但传统 InSAR 技术在地表变形监测中有一个缺陷，即对地面上一给定区域，SAR 卫星在一个监测周期只能监测一次，这将导致去相关现象而无法产生干涉图，同时由于大气影响的存在而发现不了缓慢的地表形变。另外，一个雷达波长只对一定的形变监测程度敏感，变形量超过阈值则会引起去相干现象，小于极小阈值则会受到其他误差的影响而发现不了缓慢形变，因此需要发展多波束工作模式。多波束工作模式一般采用宽波束发射，多波束、多通道接收的方法。这样虽能降低 SAR 卫星的脉冲重复频率（PRF），但是这种模式需要高性能的多波束天线和多通道接收机，另外其成像处理的难度较大。因此联合不同的 SAR 卫星和相同卫星的各种模式来获取地表形变，具有较大的应用和研究前景。

§6.2　多模式干涉测量

6.2.1　多模式干涉测量的前提

1. 两束电磁波的干涉现象

雷达电磁波的干涉是指两束或多束电磁波在空间相遇时，在重叠区内形成稳定的强、弱强度分布的现象。

如图 6.1 所示的两列电磁波相遇，则

$$E_1(r,t)=E_{10}\cos(\bar{\omega}_1 t-k_1 r+\bar{\omega}_{01}) \quad (6.1)$$

$$E_2(r,t)=E_{20}\cos(\bar{\omega}_2 t-k_2 r+\bar{\omega}_{02}) \quad (6.2)$$

E_1 与 E_2 振动方向间的夹角为 θ，P 点处的总电磁波强为

$$I=I_1+I_2+2\sqrt{I_1 I_2}\cos\theta\cos\varphi \quad (6.3)$$

式中，I_1、I_2是两电磁波束的电磁波强；φ 是二电磁波束的相位差，且有

$$\kappa=k_2\cdot r-k_1\cdot r+\varphi_{01}-\varphi_{02}+\Delta\bar{\omega}t \quad (6.4)$$

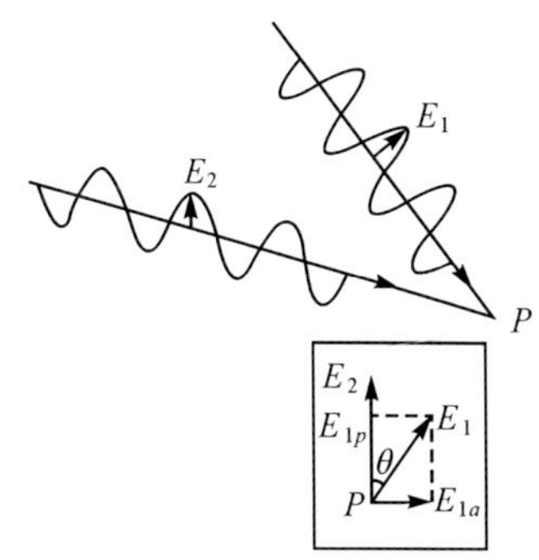

图 6.1　两列电磁波在空间重叠

$$\Delta\bar{\omega}=\bar{\omega}_1-\bar{\omega}_2 \quad (6.5)$$

$$I_{12}=\sqrt{I_1 I_2}\cos\theta\cos\varphi \quad (6.6)$$

电磁波束叠加后的总强度并不等于这两列波的强度和，而是多了一项交叉项 I_{12}，它反映了这两束电磁波的干涉效应，通常称为干涉项。

干涉现象就是指这两束电磁波在重叠区内形成的稳定的电磁波强分布。所谓稳定，是指用肉眼或记录仪器能观察或记录到条纹分布。

显然，如果干涉项 I_{12} 远小于两电磁波束电磁波强中较小的一个，就不易观察到干涉现象。如果两束电磁波的相位差随时间变化，会使电磁波强度条纹图样产生移动。

在能观察到稳定的电磁波强分布的情况下，满足 $\varphi=2m\pi$，$m=0$、±1、±2、…时的空间位置为电磁波强极大值，且电磁波强极大值 I_{max} 为

$$I_{max}=I_1+I_2+2\sqrt{I_1 I_2}\cos\theta \quad (6.6)$$

满足 $\varphi=(2m+1)\pi$，$m=0$、±1、±2、…时的空间位置为电磁波强极小值，且电磁波强极小值 I_{min} 为

$$I_{min}=I_1+I_2-2\sqrt{I_1 I_2}\cos\theta \quad (6.7)$$

当两束电磁波强相等，$I_1=I_2=I_0$，相应的极大值和极小值分别为

$$I_{max}=2I_0(1+\cos\theta) \quad (6.8)$$

$$I_{min}=2I_0(1-\cos\theta) \quad (6.9)$$

2. 产生干涉的条件

1）对干涉电磁波束的频率要求

（1）当两电磁波束频率相等，即 $\Delta\omega=0$ 时，干涉电磁波强不随时间变化，可以得到稳定的干涉条纹分布。

（2）当两电磁波束的频率不相等，即 $\Delta\omega\neq0$ 时，干涉条纹将随着时间产生移动，且 $\Delta\omega$ 越大，条纹移动速度越快。要求两干涉电磁波束的频率尽量相等。

(3)当 $\Delta\omega$ 大到一定程度时,肉眼或探测仪器就将观察不到稳定的条纹分布。为了产生干涉现象,要求两干涉电磁波束的频率尽量相等。

2)对两干涉电磁波束振动方向的要求

干涉条纹可见度(对比度)定义为

$$v=\frac{I_{\max}-I_{\min}}{I_{\max}+I_{\min}} \tag{6.10}$$

再根据式(6.8)和式(6.9),得

$$v=\cos\theta \tag{6.11}$$

根据式(6.11),可知:

若 $\theta=0$,两电磁波束的振动方向相同时,$v=l$,干涉条纹最清晰;

若 $\theta=\pi/2$,二电磁波束正交振动时,$v=0$,不发生干涉;

当 $0<\theta<\pi/2$ 时,$0<v<1$,干涉条纹清晰度介于上面两种情况之间。

另外,为了获得稳定的干涉图形,二干涉电磁波束的相位差必须固定不变,即要求电磁波的初相位差恒定。

可见,要获得稳定的干涉条纹,则:

(1)两束电磁波的频率应当相同。

(2)两束电磁波在相遇处的振动方向应当相同。

(3)两束电磁波在相遇处应有固定不变的相位差。

这 3 个条件是两束电磁波发生干涉的必要条件,通常称为相干条件。

由此可见,不同波段的雷达信号不能形成干涉,即使是同一模式。然而,同一波段的不同模式可以形成干涉,只是在成像处理过程中要注意不同模式之间的区别。

6.2.2 宽幅与条带模式影像干涉

1. 宽幅与条带模式的不同点

通过利用宽幅模式数据进行干涉处理,可以生成大范围的干涉图,并获取 DEM、地表位移图,可以发现更大尺度的形变信息。对大范围的监测,无疑宽幅模式具有很大的优势。在完全同步扫描、轨道平行和多普勒中心频率相同的条件下,可获得宽幅 SAR 的干涉图。但是,在获取宽幅 SAR 数据时,很多条件不满足,如两景数据的同步性和严格基线限制等,从而导致可用数据较少。为有效利用宽幅模式的优点,克服这些不利条件,可联合 ScanSAR 与 IM 数据形成干涉图,且高密度的干涉图不仅有利于研究随时间变化和不稳定的地表变形,而且能够有效降低大气的影响。

宽幅与条带模式能相互形成干涉图,但是二者成像模式不同,即宽幅模式采用的是 Burst 模式,条带模式采用的是连续获取方式,另外它们的脉冲重复频率

(pulse repetition frequency,PRF)也不一样,详见表 6.1(以 ENVISAT 卫星为例)。由于相关参数的不同,会导致雷达数据存储也不一样。为理解两种模式如何在二维信号存储器中存储,如图 6.2 所示,为简单起见,假设雷达方位向波束宽度是有限的,当传感器处于 P 点时,目标刚进入雷达波束,从该目标接收到的信号是某个发射脉冲回波的一部分,且被写入合成孔径雷达信号存储器中的一行。从图中可以看出条带模式和宽幅模式的不同之处在于疏密程度和有较大的空隙,这就是 Burst 模式和脉冲重复频率不一样造成的。

表 6.1　ENVISAT 卫星的宽幅模式和条带模式的参数比较

参数＼传感器	ScanSAR 各个子条带					IM 模式(IS2)	ERS
	SS1	SS2	SS3	SS4	SS5		
PRF/Hz	1 684.88	2 102.41	1 692.6	2 080.55	1 707.04	1 652.415 65	1 679.9
Burst 长度/(脉冲数)	47	47	47	47	47	无穷	无穷
距离带宽/MHz	14.75	12.86	10.48	9.54	8.48	16	15.55
方位带宽/Hz	63.42	62.82	62.99	63.40	62.63	1 316	1 344
雷达频率/GHz	5.331	5.331	5.331	5.331	5.331	5.331	5.3
视角/(°)	21.87	28.82	33.63	37.52	40.9	22.800 7	20.35
带宽/km	106	86	105	86	101	90	89
Burst 行数	50	65	55	71	60		
重访周期/s	0.192 010 3						

2. 两模式之间的干涉

由前所述,联合宽幅 SAR 与条带数据形成有效的干涉对,关键在于解决这两种成像模式不同所带来的难题。由于宽幅扫描模式方位向回波信号是不连续的,因此成像算法与条带算法有所不同。现在其成像方法有全孔径 RD 算法、快速 SPECAN 算法和 Chirp Scaling 算法等 3 种方法,由于 SPECAN 算法的有效性和易使用性,采用了快速的 SPECAN 算法和 Chirp-Z 变换方法对 ScanSAR 的数据进行处理。

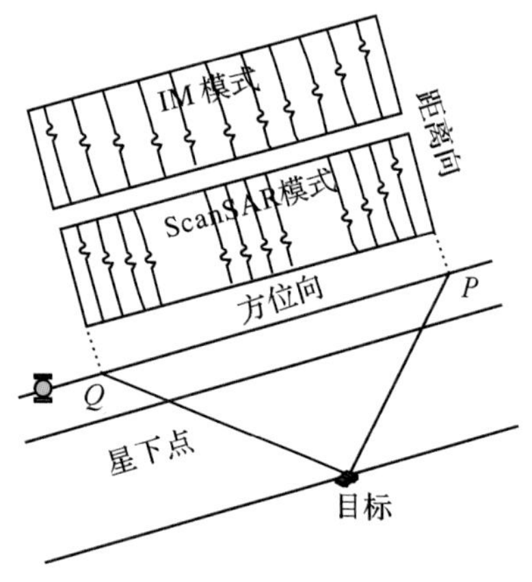

图 6.2　两种模式接收数据的存储

传统的 SPECAN 算法又称去斜坡法(deramp),常用于低分辨率的连续数据或 ScanSAR 数据的处理。其最大优点是只需一次傅里叶变换就可以完成方位维成像过程,计算量的成倍减少对星载 SAR 实时信号处理非常有吸引力。但 SPECAN 算法的一个致命问题是难以进行距离徙动的校正,因为它既没有时域相关算法的流水串行移位结构,也没有领域算法中徙动曲线的重合性,故很难进行距离徙动校正。当然可在时域进行距离游走的校正(即一次项的线性校正)后再进行 SPECAN 算法处理,但前提是可容忍未做距离弯曲校正(即二次项校正)带来的误差(卡明,2007)。

一般二维 SPECAN 算法包括距离向压缩,线性距离徙动校正,方位向去斜坡,方位向 FT,方位向图像的拼接等。其中去斜一步是选择一个与信号频率相反的参考函数对回波信号做差频处理,可将目标的频率变为与时间轴平行,从而将信号从频域分开。在形成 IM 与 WSM 的干涉图过程中,主要通过改善修正 SPECAN 算法来实现,得到条带模式与宽幅模式的干涉流程(图 6.3)。

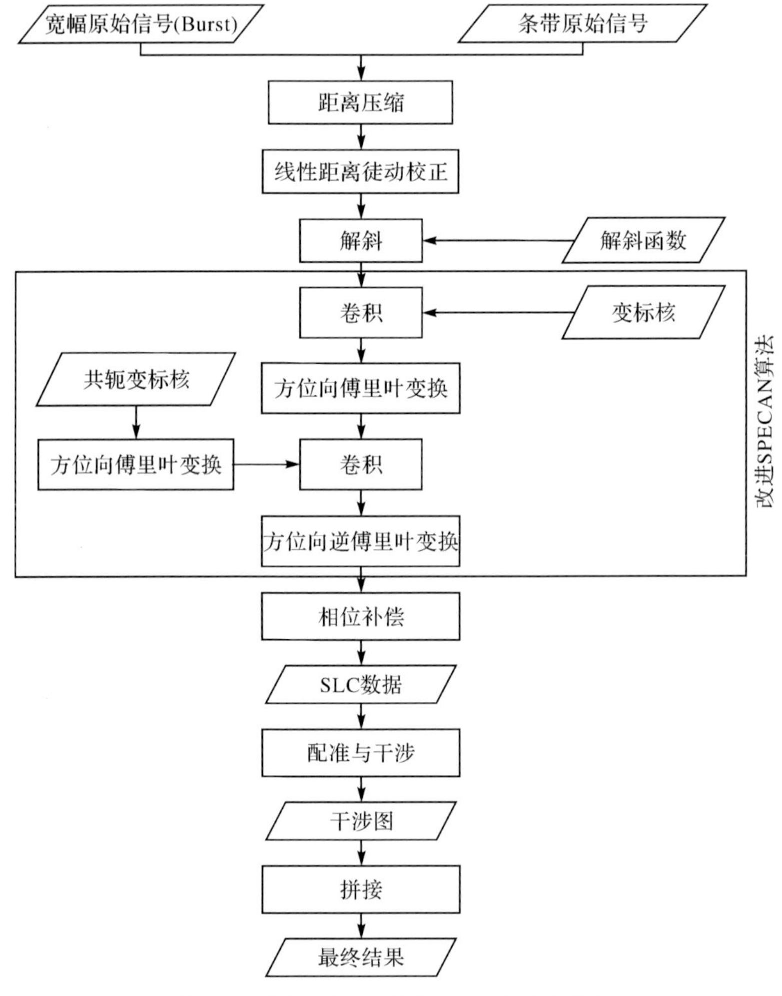

图 6.3 宽幅 SAR 与条带 SAR 的干涉流程

图 6.3 中,信号数据指的是雷达系统接收到的数据。数据首先被调解至基带,以使距离频率中心置零。

距离向压缩与其他成像如距离多普勒算法等方法是一样的,目的是获得高分辨率接收数据,从而得到聚集良好的图像,本质是将信号频谱与含有二次共轭相位的频域滤波器进行相乘。

解斜在干涉流程中是非常重要的一步,其作用是将线性调频信号转化为频率与信号输入位置成正比的正弦波。为了选取合适的解斜函数,根据式(3.3),可得发射与接收两条不同路径的相位差

$$\phi(t,t_0)=\frac{-4\pi}{\lambda}\left[r_0+\frac{v^2(t^2-2t_0t+t_0^2)}{2r_0}\right] \tag{6.12}$$

在经过距离压缩后,可得该目标点的方位向信号

$$\begin{aligned} s(t,t_0)&=A\exp\left\{\frac{-4\pi}{\lambda}\left[r_0+\frac{v^2(t^2-2t_0t+t_0^2)}{2r_0}\right]\right\} \\ &=A\exp\left[\frac{-j2\pi v^2}{\lambda r_0}(t^2-2t_0t+t_0^2)\right]\times\exp\left(\frac{-j4\pi}{\lambda}r_0\right) \end{aligned} \tag{6.13}$$

式中,A 为幅度。

对于宽幅模式的 Burst 数据,则式(6.13)可变为

$$s(t,t_0)=A\sum_{n=1}^{i}\mathrm{rect}\left(\frac{t-nT_R}{T_B}\right)\exp\left[\frac{-j2\pi v^2}{\lambda r_0}(t^2-2t_0t+t_0^2)\right]\times\exp\left(\frac{-j4\pi}{\lambda}r_0\right) \tag{6.14}$$

式中,n 为 Burst 序号;i 为 Burst 数,对 ENVISAT 卫星而言,i 取 3;$T_R=N_R\times T_S$ 为 Burst 间隔时间;$T_B=N_B\times T_S$ 为一个 Burst 持续时间,$T_S=1/\mathrm{PRF}$。

设 $f_R=\dfrac{-2v^2}{\lambda r_0}$,则上式变为

$$s(t,t_0)=A\sum_{n=1}^{i}\mathrm{rect}\left(\frac{t-nT_R}{T_B}\right)\exp\left[j\pi f_R(t^2-2t_0t+t_0^2)\right]\times\exp\left(\frac{-j4\pi}{\lambda}r_0\right) \tag{6.15}$$

从式(6.15)可以注意到,该信号中含有一个二次项和线性项,为了消除这个二次项,可设所乘函数即解斜函数为

$$S_{\mathrm{deramp}}^{\mathrm{ref}}=\exp(-j\pi f_Rt^2) \tag{6.16}$$

则宽幅模式和条带模式解斜后的信号分别为

$$S_{\mathrm{deramp}}^{\mathrm{ScanSAR}}(t,t_0)=A\sum_{n=1}^{i}\mathrm{rect}\left(\frac{t-nT_R}{T_B}\right)\exp\left[j\pi f_R(-2t_0t+t_0^2)\right]\times\exp\left(\frac{-j4\pi}{\lambda}r_0\right) \tag{6.17}$$

$$S_{\mathrm{deramp}}^{\mathrm{IM}}(t,t_0)=A\exp\left[j\pi f_R(-2t_0t+t_0^2)\right]\times\exp\left(\frac{-j4\pi}{\lambda}r_0\right) \tag{6.18}$$

在改进的 SPECAN 算法中，将 SPECAN 算法中的标准傅里叶变换替换为变标傅里叶变换，其变换核含有能对方位像素间隔进行等距调整的距离变标因子。通过已用校正的 Chirp-z 变换可以有效地实现变标傅里叶变换，故关键在于求取变标核，根据文献（卡明，2007），可设变标核函数为

$$S^{ref}(t, t_0) = \exp\left[-j\pi\zeta \frac{4t}{2+v^2(t-t_0)^2}\right] \tag{6.19}$$

式中，ζ 是空间频率，又因 $f_R = \frac{-2v^2}{\lambda r_0}$，则

$$S^{ref}(t, t_0) = \exp\left[-j\pi\zeta \frac{8t}{4-\lambda r_0 f_R (t-t_0)^2}\right] \tag{6.20}$$

从上述可知，宽幅模式与条带模式具有不同的 PRF，为了形成干涉，可在变标核函数中引入比例因子，即$\frac{PRF_{IM}}{PRF_{ScanSAR}}$，则两种模式的变标核函数分别为

$$S_{IM}^{ref}(t, t_0) = \exp\left[-j\pi\zeta\kappa \frac{8t}{4-\lambda r_0 f_R (t-t_0)^2}\right] \tag{6.21}$$

$$S_{ScanSAR}^{ref}(t, t_0) = \exp\left[-j\pi\zeta\kappa \frac{PRF_{IM}}{PRF_{ScanSAR}} \frac{8t}{4-\lambda r_0 f_R (t-t_0)^2}\right] \tag{6.22}$$

式中，$\kappa = \frac{R+H}{R}$，R 是地球半径，H 是卫星高度。

6.2.3 交替极化干涉

交替极化干涉的目的是估计偏振相位差分（polariteric phase difference，PPD）和偏振相关性。这种信息对不同散射体识别与分类是很有帮助的，另外，不同的极化方式，其渗透的深度也是不同的。例如，对只有单数的反射方向（点目标），其 PPD 是 0°，对有偶数的反射方向（二面角），其 PPD 是 180°。

ASAR 传感器能够同时获取两种同样宽度不同极化方式的 AP 图像：HH/VV，HH/HV，VV/VH。这两种图像具有各自不同的频谱，彼此之间不能进行干涉，但它们能够与另外的 AP 图像或 IM 图像进行干涉。

IM 数据可被分成两部分，每一部分都能与 HH 或 VV 交替极化 AP 图像具有相关性，通过相位滤波处理，在两个相干的 AP/IM 图像之间能形成干涉图。通过适应性滤波，改善两幅 AP/IM 干涉图的信噪比后，可以最终产生差分干涉图。由于时间基线是轨道重复时间（35 天）的倍数，因此，长期稳定性是必需的。

图 6.4 是由一个多极化数据处理的结果（焦明连 等，2008）。这是联合一个 AP 图像（极化方式 VV，获取时间是 2002 年 9 月 16 日）和 IM 图像（极化方式 HH，获取时间是 2002 年 10 月 21 日），基线长 60 m，这个图像中，不同的颜色代表了不同的强度，而不同的颜色是由不同的极化方式引起的。

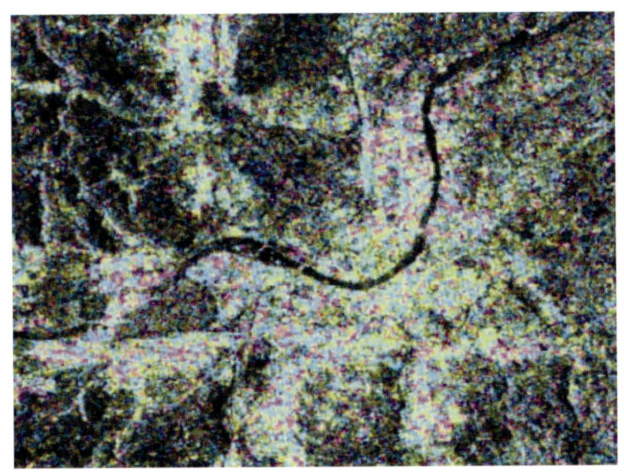

图 6.4　PPD 估计

§6.3　基于多源多辨率雷达干涉的形变场融合

6.3.1　三维形变场重构

1. 研究现状与意义

作为一种新兴的空间大地测量技术，InSAR 技术能够获取高精度、高分辨率的形变信息，且无须提供地面控制点，相比于其他大地测量手段有无法代替的作用。现在已成功应用于同震形变监测、地裂缝监测、地面沉降监测和火山研究等方面，取得了突破性的研究成果。在地震方面的研究成果表明 InSAR 技术在地球动力学和地震研究中发挥了的巨大作用。然而，利用一影像对只能获取一维变形量，因差分干涉所获取得到的变形量是 NEU 3 个方向形变投影到雷达视线方向(LOS)的结果，故根据一影像对只能定性地认识地震形变场，无法满足定量分析的需求，从而无法利用合成孔径雷达差分干涉技术来解释或理解地表形变特征和揭示形变模式，否则会产生误解。与合成孔径雷达差分干涉技术相比，GNSS 监测结果具有量化清晰、精度高、时间尺度一致、动力学意义明确等优点，但利用离散的 GNSS 结果求解形变场、应变场的空间分布时，需进行拟合或内插，导致形变高频部分的去除，即忽略了形变的精细特征，水准测量虽然精度高，但只能获取竖直向的形变信息，而且成本较高。为了解决这个问题，国内外很多专家和学者对对三维形变场重构进行了努力。

国外学者对 InSAR 三维形变场的研究起步较早。1999 年 Michel 等首次提出像元偏移量估计法(pixel offsets)，利用两次重轨观测的 SAR 强度图像进行亚像元级匹配，从而求解出距离向与方位向偏移量。该方法的量测精度受成像分辨率的影响（为 0.1～0.05 个像元）而稍有欠缺。但该方法不受时空失相关的制约，因此更容易实现，而且，关键是该方法可以有效弥补常规 DInSAR 测量对方位向形变不敏感的缺陷（查显杰 等，2006）。2001 年，Tobita 等利用 RadarSat 的升、降轨数据基于该方法提取了 2000 年日本 Usu 火山喷发的三维形变场。

在此基础上，2001 年 Fialko 等利用 ERS 卫星升、降轨观测数据，采用 DInSAR 与 Pixel Offsets 法相结合，提取了 1999 年 Hector Mine Mw7.1 级地震震中区附近的三维同震形变场，其结果与 GPS 三维形变测量结果吻合得很好。2005 年，Fialko 等再次利用 DInSAR 与 Pixel Offsets 法相结合，对 2003 年伊朗巴姆 Mw6.5 级地震的三维同震形变场进行了系统研究，并分析了巴姆地震"浅部滑动不足"的原因。

在多平台观测结果的融合方面，相关研究也取得了较多的成果。2002 年，Gudmundsson 等融合 DInSAR 和 GPS 观测数据对冰岛西南部的三维形变趋势特征进行了估计。2004 年，Wright 等结合不同入射角的 4 对升降轨干涉图，提取了 2002 年 Nenana Mountain 地震的同震三维形变场。

2006 年 Bechor 等提出多孔径干涉测量（MAI）方法，实现了利用单一干涉像对测量卫星视线向与方位向的两维形变，并成功地将此方法应用于 Hector Mine Mw7.1 级地震二维形变场的提取。与 GPS 测量结果的对比分析表明：MAI 方法的量测精度可达到厘米级，方位向形变场的量测精度优于 Pixel Offsets 法。

在此基础上，许多学者结合 MAI 与传统 DInSAR 的优势展开三维形变场的提取与分析。2009 年，韩国首尔大学的 Jung 等针对 2007 年夏威夷群岛 Kilauea 火山喷发引起的地表形变展开三维分析（Jung et al，2009，2011）；2011 年，英国利兹大学的 Gourmelen 等应用类似的方法对 1994 年位于冰岛的 Langjokull 和 Hofsjokull 两大冰冠的漂移速度进行了多维立体测量。

与国际学术同步，国内学者也相继开展了三维同震形变的分析研究。2006 年孙建宝等利用 Okada 弹性形变模型和升/降轨 ASAR 雷达数据计算了 2003 年巴姆地震引起的三维同震形变场。

2007 年，Wang Hua 等利用升、降轨的 ENVISAT ASAR 数据，通过 Pixel Offsets 测量法，成功提取了 2005 年印度 Kashmir Mw7.6 级地震的三维形变场，并基于四分段断层模型进行地震形变反演模拟，获取了同震破裂的地球物理参数。

2008 年，罗海滨等利用 DInSAR 和 GPS 相结合，综合估计地表三维形变速率场。研究结果表明，利用高精度 GPS 平面测量结果作为约束直接分解获得垂直形变场精度最优。

2009 年，季灵运等结合 DInSAR 与方位向的像元偏移量估计成功提取了伊朗巴姆地震的三维同震形变场。

2010 年，中南大学的胡俊和李志伟等基于近似的方法获取了巴姆地震的三维同震形变场，并与基于 Okada 模型模拟的三维形变场进行了深入的比较和分析。洪顺英博士在直接解算模型、结合模拟法解算模型、结合 Offsets 法解算模型与 GPS 测量视线向投影模型的基础上，获取了改则地震、于田地震、巴姆地震、汶川地震的形变场(洪顺英，2010)。

2012 年，西南交通大学的学者尝试联合多个 SAR 系统的多角度 PSI 观测数据，通过立体建模和空间交会分析，恢复了天津周边的地表沉降场及板块漂移导致的地表水平位移量(刘国祥 等，2012)。

所有这些成果都是解决干涉测量的视线向模糊问题，但是尚有不足，主要体现在只能利用条带数据和常规大地测量数据，导致数据量较少，无法消除部分误差的影响或者模型精度不高。结合国内外的研究现状分析，在不借助 GPS 和水准数据的条件下，基于相位干涉建模的三维形变分析由于极轨飞行方向与北向的夹角较小而导致敏感度偏低；北向形变估计很难达到与 LOS 向近似的精度水平；东向形变分量的精度也明显低于垂直向形变分析的结果(张瑞，2012)。Pixel Offsets 方法在方位向形变估计和抗失相干方面具有显著的技术优势，但相对于相位干涉测量，其精度(约为 1/20 像元)仍然较低。MAI 技术在水平分量精度上有较好的表现，但通过频率域的滤波实现多普勒质心改变的方法直接导致了分辨率和整体干涉精度的损失。

三维形变干涉测量在火山、地震、山体滑坡等地质灾害的研究领域具有重要的应用价值。将干涉测量获取的 LOS 向形变场解算为代表地表真实三维形变的垂直、东西、南北三分量形变场，将非常有利于地震形变场的定量分析，有利于地震破裂模式与机制建立，并推进 DInSAR 技术在地震三维形变研究新领域的进一步应用。从国内外的研究现状分析，当前的研究多是基于多数据源并通过多技术方法的联合应用做到取长补短，在精度和信息量方面取得平衡。从单一的技术层面来看，借助高精度 GPS 或水准测量结果进行约束的三维干涉建模仍是当前最为高效、准确的三维形变探测方法。在不引入外部先验数据的条件下，通过多轨道、多平台的冗余观测实现三维空间位移的重建恢复仍比单独应用 MAI 的技术路线获得的精度和分辨率更高。在数据源有限的前提下，如何实现准确、高效的三维形变干涉测量，仍是值得深入研究的问题。

2. 三维形变监测模型的优劣势分析

1)升降轨联合解算方法

当前的星基 SAR 系统大都采用极轨飞行和右视成像(除 RadarSat 成像角度可调)的工作模式。在此基础上，任一传感器都有机会分别于升轨和降轨飞行过程中对同一地面目标成像。这一过程中传感器平台的成像几何关系可参考图 6.5。

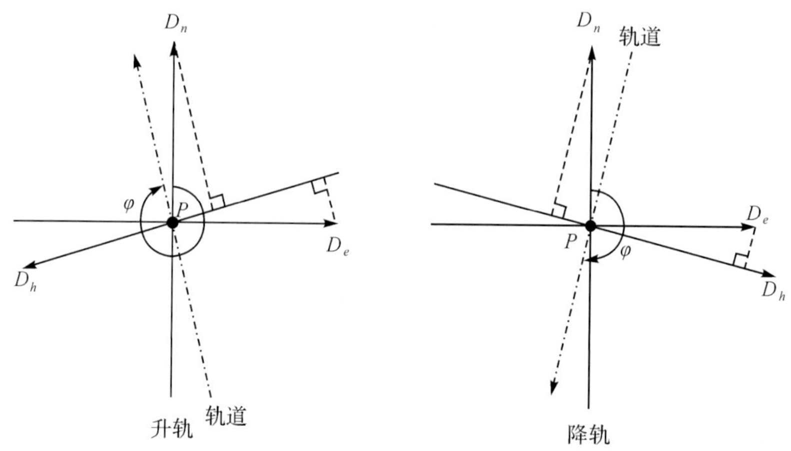

图 6.5 升、降轨侧视成像几何平面投影关系及角度参数

对图 6.5 所展示的升降轨成像几何关系在水平面内的投影关系进行深入分析可知：虽然任一工作模式下的 DInSAR 形变监测都损失了地表真实位移量的空间矢量关系，但基于升、降轨 LOS 向在平面内近似相反的投影方向，可以在空间几何框架内提取更多的空间矢量信息，这为真实地表位移的三维重建创造了有利的条件。

另外，仅有两次重复观测尚不足以在成像空间上恢复三维形变分量并纠正干涉建模引入的整体偏差。解算过程还需要引入 GPS 或地面水准观测数据等作为外部参考。而升、降轨 InSAR 与多平台 InSAR 观测结果联合解算最大的挑战来自于侧视成像导致的几何畸变，在地形起伏较为剧烈的山区，叠掩、透视收缩和背坡阴影将导致升降轨影像无法精确匹配(张瑞，2012)。

2)外部测量辅助的三维矢量分解

如前文所述，为确保常规 DInSAR 地表形变监测的精度和可靠度，在仅有单一数据源(一个干涉对)的条件下，引入外部参考数据是不可或缺的技术途径。而可信度较高的外部先验数据通常为 GPS 监测结果及高精度水准测量结果。相比之下，GPS 和地面水准测量这类传统点位量测技术比雷达干涉测量具有更高的精度。然而，传统技术难以回避外业工作量大、空间分辨率有限的技术劣势，而这些方面，正是 DInSAR 形变监测的优势，二者的联合恰能产生互补的效果。

从空间建模角度分析，GPS 可以直接得到观测点的东、北、垂直方向的位移。尽管比较稀疏，但作为控制点辅助完成立体建模应是可取的。此外，地面水准测量结果拥有比 GPS 更高的垂直向量测精度，作为先验数据辅助整体偏差的修正，能够满足垂直向量测精度较高的 DInSAR 三维建模的要求。

3)多孔径干涉方法

星基合成孔径雷达通常采用近极地轨道飞行、侧视成像的工作模式。由干涉建模在不同矢量方向的精度敏感度方程可知：由于侧视成像方式的制约，雷达干涉测量对近似卫星飞行方向的南北向上的形变并不敏感。而事实上，真实空间位移是三维矢量，在南北方向位移是难以避免的。这使得在研究区的形变位移主要集中在南北向时，用传统 DInSAR 难以正确地反映真实地表位移。因此，如何提高 SAR 干涉建模在方位向上的精度和可靠度成为国内外学者一直以来的努力方向之一。

合成孔径雷达的特点之一是具有较高的方位向分辨率，这是因为合成孔径通过窄带滤波器来跟踪 SAR 系统成像的多普勒频率变化，并在频率域将属于同一地面目标的回波相位重新合成，以此达到了用较大的多普勒带宽对同一点进行跟踪观测的目的。基于合成孔径基本过程在频率域对信号的滤波和傅里叶反变换，Bechor 等于 2006 年提出了多孔径雷达干涉测量（multiple aperture InSAR，MAI）的思想，根据回波的多普勒频率正负情况将常规 SLC 图像分割为多普勒频率是大于 0 的前视 SLC 和多普勒频率是小于 0 的后视 SLC。其基本原理及前后视几何关系如图 6.6 所示。

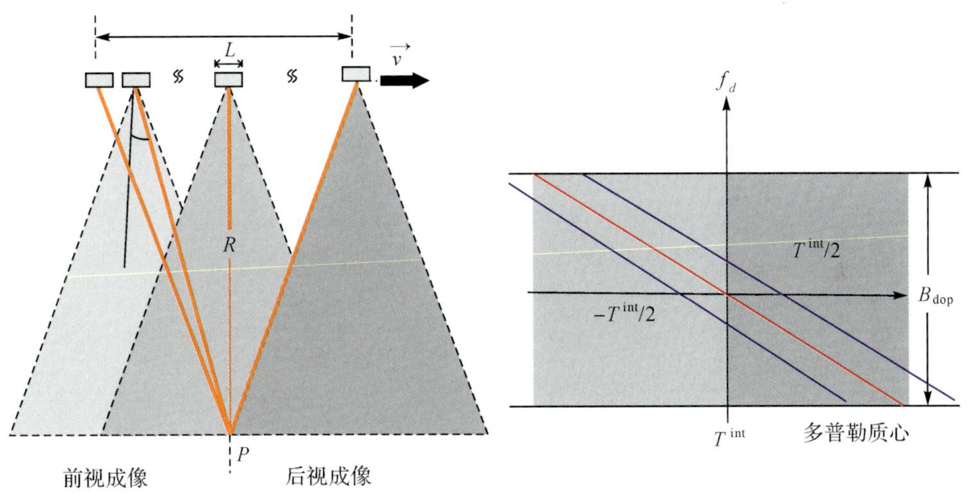

图 6.6　MAI 分孔径原理及几何关系

采用分孔径干涉的基本流程是：①首先把重复轨道的主、副 SAR 影像分别合成为前视 SLC 像对和后视 SLC 像对；②基于常规干涉处理分别获得前视干涉图和后视干涉图；③依据前、后视干涉图多普勒质心间的空间关系，合成反映方位向位移量的干涉图，并提取地表形变信息。

与常规 DInSAR 相比，MAI 方法通过信号处理获得了前视和后视干涉对，在此基础上大大提高了 InSAR 对方位向位移的敏感度，因而能够提供更可靠的方位向形变探测结果。为了达到分孔径的目的，前视和后视 SLC 均牺牲了一半的方位向分辨率。故 MAI 最终获得的干涉形变场也只有常规 DInSAR 处理的一半(胡俊 等,2010)。而且,由于信息量的缺失,使得前视和后视干涉的解算精度也大幅下降,最终将导致 MAI 的形变测量精度难以达到常规 DInSAR 的水平。

4)像元偏移量估计法

对于地质灾害引起的突发性剧烈地表形变,常规 InSAR 难以通过相位干涉手段获取形变信息。针对这一问题,Michel 等于 1999 年提出了一种根据 SAR 影像幅度信息偏移量提取地表在距离向和方位向的形变量的方法,并逐渐发展完善为像元偏移量估计方法(pixel offset tracking)。相对 DInSAR 而言,该方法虽然精度较低(理论精度为 1/20 像元),但不受时空失相关的制约,因此在火山、地震等严重地质灾害引发的剧烈地表形变的探测和分析研究中有极大的应用潜力。经过近 10 年的发展,该技术与 DInSAR 的联合分析被广泛应用于地震、火山等地质灾害三维形变场的探测和深层震源机理的反演,取得了许多瞩目的研究成果。相关研究表明(Wang Hua et al,2007;季灵运 等,2009),若是用两幅相干性较好的 ERS 数据根据像元偏移量统计得到的水平形变精度在 12～15 cm,而应用新一代的 SAR 传感器平台进行量测,其精度还可以大幅提高。

客观地讲,像元偏移量估计方法在水平方向的形变探测精度不及 MAI,且不能获得重要的垂直形变信息。这主要是由于该方法放弃了基于相位的干涉建模,而仅依赖基于强度图的配准偏移量分析的结果。但从另一方面考虑,该方法不受时间、空间失相干的影响,即使在地表严重破坏的地质灾害区域,也能获得平面位移的监测结果。强度信息也是 SAR 影像固有的信息,基于强度信息的模型与算法对于辅助相位建模、深入挖掘三维形变信息具有重大的意义。

5)多平台 InSAR 空间立体建模

多平台数据源泛指不同传感器平台获取的 SAR 影像。借助不同卫星平台轨道和侧视角间的差异,可以构建空间立体量测关系进行联合求解。考虑到建模方法一致,严格意义来讲,同一传感器在不同升降轨飞行方向的成像也可归入多平台数据的范畴(成像几何关系满足多平台立体建模的要求)。通过分析可知,单一干涉测量的立体建模过程中,存在多于三维的未知数序列,因而若不引入 GPS 或水准观测结果等外部先验数据辅助建模,则(包括升、降轨数据在内)至少需要 4 个平台的 SAR 数据源才能实现三维空间位移量的恢复重建。但在实际研究中,通常难以满足数据源的要求。这就促使我们进一步考虑模型简化问题。表 6.2 列出了基于 DInSAR 的不同三维形变分析方法的对比情况(张瑞,2012)。

通过以上的优劣势分析可知,GPS/水准辅助建模的精度最高,但是需要获取 GPS 或者水准变形监测数据,其他模型都或多或少地具有一些缺点,多平台联合建模能直接求解三维形变量,但是到目前为止,国内外的研究成果还没有直接利用这个模型得到较好的结果,主要原因是直接解算模型至少需要 3 个视线向的数据才能重建三维形变场。

表 6.2 不同 DInSAR 方法的分析比较

技术方法	传统 DInSAR	GPS/水准辅助建模	升降轨联合分析	多平台联合建模	Pixel Offsets	MAI
分辨率	无损	无损	无损	有损	无损	至少损失一半
三维建模	LOS一维	三维	三维	三维	平面二维	二维
视线向精度	无损	极高	高	高	较低	较高
方位向精度	极低	极高	低	较低	高	较高
垂直向精度	较高	极高	高	较低	无	低

其实随着雷达技术的发展，目前已经具备多平台、多波段、多模式雷达卫星观测手段，SAR 卫星数据也已不断丰富，另外随着空间技术尤其是定位技术的发展，现在宽幅 SAR 已能形成干涉，对于同一个区域有多幅数据进行监测。如图 6.7 中所示的一块区域，虽然 ENVISAT 卫星条带模式升降轨只有两个视线向的监测数据，但是其宽幅模式升降轨则有 12 个视线向的监测数据，两者共有 14 个视线向的监测数据，再加上其他卫星如 ALOS 卫星的数据，故通过直接解算模型获取三维形变场是完全可行的，而且利用最小二乘等方法还可以消除或降低误差的影响，故本文主要考虑用直接解算模型来获取三维形变场。

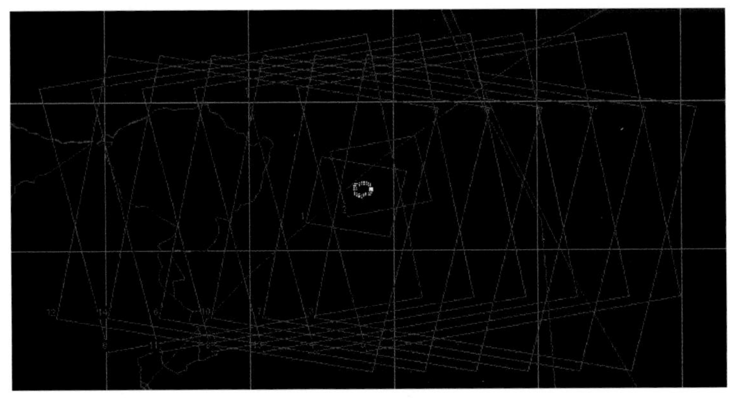

图 6.7 ENVISAT 卫星宽幅与条带模式对地面一个区域的图幅数据情况

3. 基于多源多分辨率的三维形变场方法——直接解算模型

由上一小节可知，随着现在合成孔径雷达卫星的增多，且多个模式能形成干涉，故现在能够利用直接解算模型来获取地表的三维形变场。

地表形变上的任何一种形变都可以表示为北、东、上(N,E,U)3 个方向分量组成，而且这 3 个分量对视线向(line of sight,LOS)形变的贡献是不相同的。通常情况下，雷达脉冲向垂直卫星飞行方向的右下方入射，因而相对水平运动，传感器对垂向运动要敏感得多。

根据雷达成像几何关系(图 6.8)约定目标远离雷达时 LOS 向形变 d_{LOS} 为负(LOS 向下沉降),靠近雷达时 d_{LOS} 为正(LOS 向隆升),可以将 d_{LOS} 用 E、N、U 3 个分量 d_E、d_N、d_U 来表示

$$d_{LOS}=d_U\cos\theta-d_N\sin\theta\cos(a-\partial_0)+d_E\sin\theta\sin(a-\partial_0)+\zeta \tag{6.23}$$

式中,d_{LOS} 为视线向形变量,约定目标远离雷达时 LOS 向形变 d_{LOS} 为负,靠近雷达时 d_{LOS} 为正;d_U、d_N、d_E 分别为像元点 3 个方向的形变量;θ 为雷达监测地面时的雷达脉冲入射角;α 为雷达前进方向与北方向的夹角(顺时针),其大小跟雷达卫星设计有关,θ 和 α 都可以在 ASAR 数据头中读取;$\alpha-\partial_0$ 为距离向与北向的平角(顺时针),∂_0 为 $\frac{k}{2}\pi$,其值取决于升降轨与否;ζ 是由于解缠、数字高程模型或大气所带来的误差。

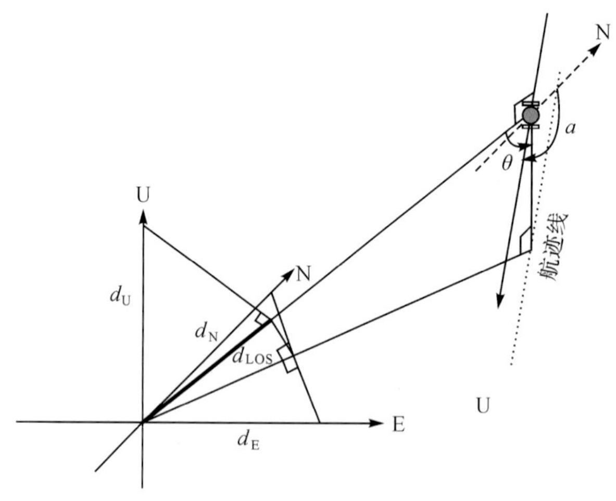

图 6.8　雷达成像的三维成像示意图

若存在 m 个不同视角的视线向形变,则可列出一个由 m 个方程所组成的方程组

$$\left.\begin{aligned}
d_{LOS1}&=d_U\cos\theta_1-d_N\sin\theta_1\cos\left(a_1-\frac{k\pi}{2}\right)+d_E\sin\theta_1\sin\left(a_1-\frac{k\pi}{2}\right)+\zeta_1\\
d_{LOS2}&=d_U\cos\theta_2-d_N\sin\theta_2\cos\left(a_2-\frac{k\pi}{2}\right)+d_E\sin\theta_2\sin\left(a_2-\frac{k\pi}{2}\right)+\zeta_2\\
&\vdots\\
d_{LOSm}&=d_U\cos\theta_m-d_N\sin\theta_m\cos\left(a_m-\frac{k\pi}{2}\right)+d_E\sin\theta_m\sin\left(a_m-\frac{k\pi}{2}\right)+\zeta_m
\end{aligned}\right\} \tag{6.24}$$

将式(6.24)写成矩阵形式,则有

$$\mathbf{V}=\boldsymbol{Ax}-\boldsymbol{l} \tag{6.25}$$

其中

$$\boldsymbol{A}=\begin{bmatrix} \cos\theta_1 & -\sin\theta_1\cos\left(a_1-\dfrac{k}{2}\pi\right) & \sin\theta_1\sin\left(a_1-\dfrac{k}{2}\pi\right) \\ \cos\theta_2 & -\sin\theta_2\cos\left(a_2-\dfrac{k}{2}\pi\right) & \sin\theta_2\sin\left(a_2-\dfrac{k}{2}\pi\right) \\ \vdots & \vdots & \vdots \\ \cos\theta_m & -\sin\theta_m\cos\left(a_m-\dfrac{k}{2}\pi\right) & \sin\theta_m\sin\left(a_m-\dfrac{k}{2}\pi\right) \end{bmatrix} \tag{6.26}$$

$$\boldsymbol{x}=[d_{\mathrm{U}} \quad d_{\mathrm{N}} \quad d_{\mathrm{E}}]^{\mathrm{T}} \tag{6.27}$$

$$\boldsymbol{V}=[v_1 \quad v_2 \quad \cdots \quad v_m]^{\mathrm{T}} \tag{6.28}$$

$$\boldsymbol{l}=[d_{\mathrm{LOS}_1}-\zeta_1 \quad d_{\mathrm{LOS}_2}-\zeta_2 \quad \cdots \quad d_{\mathrm{LOS}_m}-\zeta_m]^{\mathrm{T}} \tag{6.29}$$

则利用最小二乘原理，即 $\boldsymbol{V}^{\mathrm{T}}\boldsymbol{P}\boldsymbol{V}=\min$，其中，$\boldsymbol{P}$ 为观测值的权阵。由于通过干涉相位获取形变的精度是一样的，故该权阵往往取单位矩阵，即将观测值视为等权处理，经解算得到

$$\boldsymbol{x}=(\boldsymbol{A}^{\mathrm{T}}\boldsymbol{A})^{-1}\boldsymbol{A}^{\mathrm{T}}\boldsymbol{l} \tag{6.30}$$

由式(6.30)可知，通过多分辨率干涉测量的方法来获取三维形变场时，不仅能有效获取形变场，而且能降低许多误差如解缠的影响。

6.3.2　多分辨率干涉图像融合

图像融合是指综合两个或多个多源信道所采集到的关于同一场景的图像数据，经过图像处理和计算机技术等，最大限度地提取各自信道中的有利信息，最后综合成高质量的图像，以提高图像信息的利用率、改善计算机解译精度和可靠性，并获取对同一场景的更精确、更全面、更可靠的图像描述，从而利于监测。高效的图像融合方法可以根据需要综合处理多源通道的信息，有效地提高图像信息的利用率、系统对目标探测识别的可靠性及系统的自动化程度。其目的是将单一传感器的多波段信息或不同类传感器所提供的信息加以综合，消除多传感器信息之间可能存在的冗余和矛盾，以增强影像中信息透明度，改善解译的精度、可靠性及使用率，以形成对目标清晰、完整、准确的信息描述。

本小节的差分干涉图融合，主要是指由于一些非相干因素导致非相干区域较大，尤其是断层区域附近，从而导致无法利用该变形数据进行正确的分析。因此讨论多源多分辨率干涉图之间的融合，力图减小非相干区的影响。当然这部分主要是针对地震所产生的同震变形而言的，因为对一些缓慢变形区域如城市沉降或矿区沉降等，差分干涉图融合是不同时间间隔的结果，因此会影响最终的结果。本小节主要讨论同雷达的不同分辨率干涉图像融合、不同雷达的差分干涉图融合和综合法等 3 种情况。

1. 同雷达平台的不同分辨率干涉图像融合

从前述章节可知,宽幅合成孔径雷达干涉测量可以获取较条带模式更大区域的形变场,但是在临近断层区域的去相干性非常严重,其主要原因之一是宽幅SAR分辨率较低,导致相邻两像元的形变易超过π弧度,从而在相干图上反映为纯噪声。为此,如果将不同的分辨率差分干涉图进行融合,则可以有效降低宽幅干涉测量非相干的影响,其流程如图6.9所示。

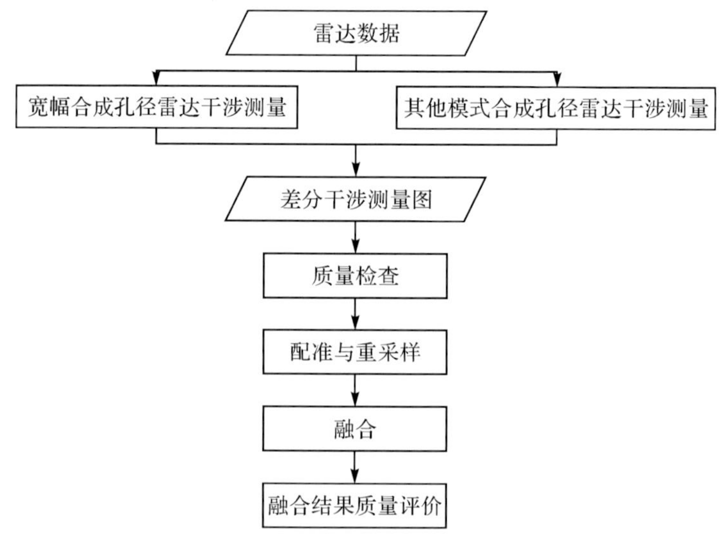

图6.9 同雷达的不同分辨率干涉图像融合流程

同雷达的不同分辨率干涉图像融合主要步骤如下:

(1)差分干涉图质量检查。主要包括相干性分析、基线误差和DEM误差分析,尽量消除其影响,若有其他外部数据,如GNSS监测资料或外部勘查数据,可直接核查。

(2)配准与重采样。配准时,以宽幅SAR图像为参考图像或以DEM的仿真图进行配准,为了不影响较高分辨率的形变场,故重采样时以较高分辨率为准,通过如此处理,既可以充分利用高分辨率的SAR图像,又不影响宽幅SAR的形变场精度。

(3)在形变远场区域,以宽幅SAR干涉形变量进行约束;在近场区域计算两者之间的差异,根据形变趋势进行融合;在非相干区域,利用近远场约束和融合等方法修正非相干区域的差分干涉结果,然后根据成像几何关系或地理编码后的地理位置直接填补在该相干区域。

2. 不同雷达平台的差分干涉图融合

导致地震区的另一个非相干的因素与波长有关。在利用合成孔径雷达信号监测地表形变时，波长越长，监测形变梯度的能力越强，但对变形不敏感；反之，波长越短，则其监测形变梯度的能力越弱，但对变形敏感。在地震中，断层附近变形梯度大，故可用波长较长的合成孔径雷达数据来获取，在远场可利用波长较短的 SAR 数据来获取。

一般而言，一种雷达卫星装载一种波长如 ENVISAT 等卫星，故将不同波长的差分干涉测量结果同时用来进行研究分析时，不仅要考虑波长，还要考虑不同雷达卫星的入射角。因此，不同雷达的差分干涉图融合，应与同卫星不同分辨率干涉图融合应有所不同，其融合流程见图 6.10。通过流程图可以看出，不同雷达的差分干涉图融合与同雷达的不同分辨率干涉图像融合几乎是一样的，区别在于先进行三维形变场重构，然后再进行融合。

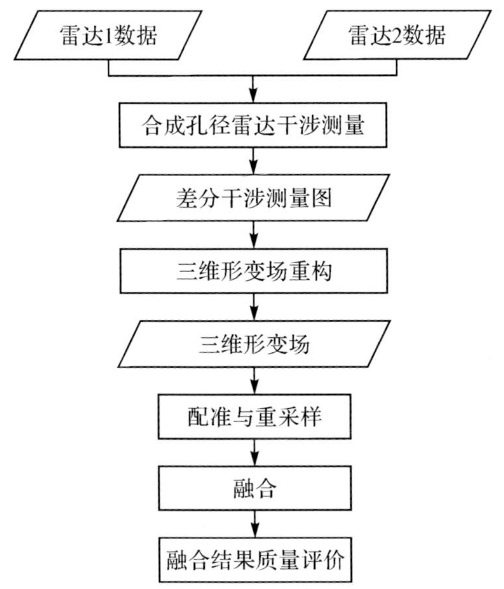

图 6.10　不同雷达的差分干涉图融合流程

§6.4　小　结

由于合成孔径雷达干涉测量本身的特性，导致其不能直接获取所测区域的三维形变场，另外一些非相干因素导致非相干区域较大，或单一观测模式具有幅窄的缺陷。故本章主要讨论了多源多模式雷达干涉与融合，主要包括多模式干涉测量和基于多源多分辨率雷达干涉测量的形变场融合。其中，研究了宽幅模式与条带模式的干涉、三维形变场重构和多分辨率干涉图融合。

第7章　宽幅SAR干涉监测地震形变实例

§7.1　伊朗巴姆地区地震

7.1.1　伊朗巴姆地区地震灾害概况

巴姆位于伊朗首都德黑兰东南约1 000 km处，位于伊朗东南部克尔曼省境内巴雷兹山脉和卡布迪山脉之间的卡维尔盐漠，见图7.1。巴姆是古代“丝绸之路”上的一座古城，城内不少建筑建于16至18世纪，城区外环绕着3 km长的城墙，巴姆旧城有一座建于2 500年前的古城堡还是世界上现存最大的砖坯结构建筑。这座堡垒位于旧城的一座悬崖上。巴姆也是一座历史、文化和旅游名城，以保存完好的古老城堡和古塔而闻名于世，因完好保持着中世纪的风格，每年有许多慕名前来参观的游客。

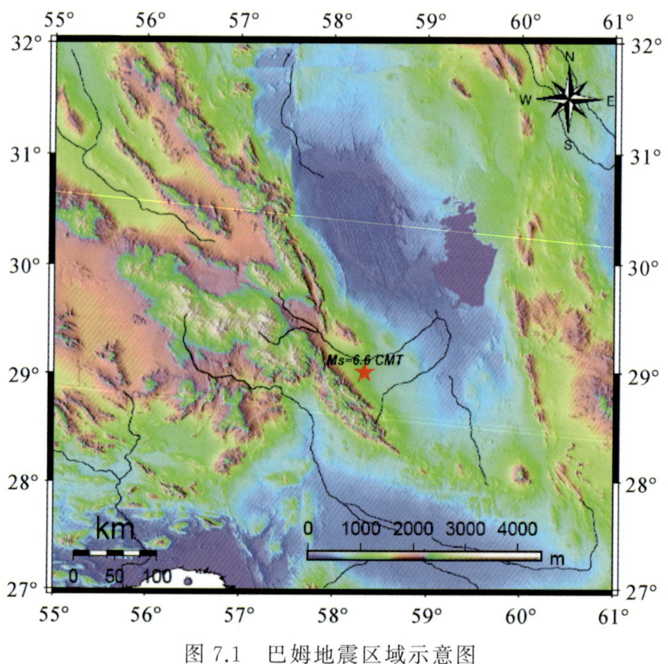

图7.1　巴姆地震区域示意图

2003 年 12 月 26 日伊朗标准时间上午 5 时 26 分(世界标准时间上午 1 时 56 分)在伊朗东南部克尔曼省巴姆郡发生了巴姆大地震，地震震级为里氏 6.6 级，震中位于北纬 29.01°、东经 58.34°。这场地震的破坏性非常强大，造成重大人员伤亡，巴姆地区有约 20 万人口，其中死亡人数超过 4.5 万，伤 1.5 万，成千上万人无家可归，许多历史古迹完全毁坏，一座著名的古代城堡在地震中被毁。

这次地震是伊朗历史上最具破坏性的灾害。同时该地区气候干燥，植被少，巴姆地区也因此成为合成孔径雷达干涉测量技术应用研究的热点地区。

7.1.2　ENVISAT 数据基本信息

巴姆地震发生后，ENVISAT 卫星监测到了该地震灾害发生的全过程。欧洲空间局为了便于全世界的地质灾害研究机构和人员能够更好地研究该地震过程，并对 ENVISAT 卫星的 ASAR 数据有更多的了解，在网上公布了部分可以用来生成干涉条纹的 ASAR 数据，包括宽幅模式和条带模式，凡是从事这方面研究的科学工作者都可以免费申请到这些数据。

图 7.2 为 Orbit 号 10151 的 SAR 图像所拍摄伊朗巴姆地区的强度图像，其中外围图是宽幅模式强度图像，而中间的紫色框则是条带模式所覆盖的范围。巴姆古城位于图像的中心区域，其位置坐落在一个小山丘上，三面环山，这里也是地震的中心位置。

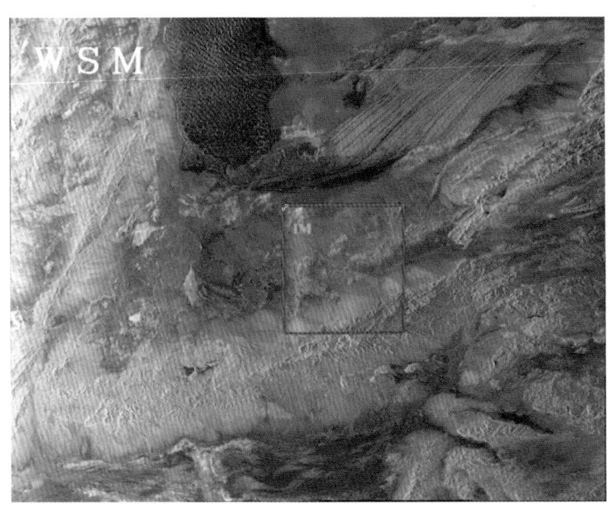

图 7.2　巴姆地区 SAR 幅度影像图(Orbit 10151)

在本次试验中，主要对 ENVISAT ASAR 条带模式 3 幅单视复数影像(SLC)数据和两幅宽扫描模式的单视复数影像进行处理。表 7.1 所示的是这 3 幅条带模式数据基本信息，表 7.2 所示的是宽幅 SAR 模式数据基本信息。

表 7.1　3 幅条带模式影像基本参数信息

参数＼序号	1	2	3
轨道号	6 687	9 192	9 693
升降轨	降轨	降轨	降轨
中央经度/(°)	58.52	58.52	58.50
中央纬度/(°)	29.14	29.14	29.10
获取时间	2003 年 6 月 11 日	2003 年 12 月 3 日	2004 年 1 月 7 日
行数	5 167	5 167	5 167
列数	26 889	26 898	26 580
成像模式	IM	IM	IM
成像带	IS2	IS2	IS2
极化方式	VV	VV	VV
波长/m	0.056 56	0.056 56	0.056 56
中心点入射角/(°)	22.747 9	22.742 1	22.757 6
大小/MB	543.1	543.3	536.9
脉冲重频率/Hz	1 652.415 649	1 652.415 649	1 652.415 649

表 7.2　两幅宽幅影像基本参数信息

参数＼序号	1					2				
	IS1	IS2	IS3	IS4	IS5	IS1	IS2	IS3	IS4	IS5
时间	2003 年 9 月 21 日					2004 年 2 月 8 日				
Orbit	08147					10151				
range_samples	6 399	5 143	6 291	5 165	6 084	6 379	5 123	6 272	5 146	6 060
azimuth_lines	4 964	4 948	4 947	4 964	4 947	4 068	4 069	4 069	4 070	4 069
Bursts	48					48				
center_latitude	29.159 672 5					28.023 643 0				
center_longitude	58.290 388 0					58.041 296 5				
range_pixel_spacing	7.803 974					7.803 974				
azimuth_pixel_spacing	80					80				

7.1.3　条带模式差分干涉结果分析

1. 差分干涉处理中的参数设置

选择轨道号为 9192 和 9693 的两幅 ASAR 图像，加上 DEM 进行两轨法差分干涉处理，其参数见表 7.3。

表 7.3　干涉图(9192—9693)基本参数信息

干涉图参数	9192—9693
基线/m	586.1
垂直基线/m	520.6
入射角/(°)	22.8
高程模糊度/m	15.7
时间跨度/天	35
多视处理	2∶10

2. 干涉图结果分析

为了得到巴姆地区地震后的形变监测结果，首先利用干涉图(9192—9693)减去 DEM 相位得到了缠绕的形变干涉图，然后分别利用枝切法和最小费用流法对形变干涉图进行了解缠处理，其结果见图 7.3。从图 7.3 中可以看出，两种解缠方法的解缠结果基本一致，不同点是枝切法无法有效自动化解缠，而且无法忽略相位噪声的影响，但最小费用流法解缠时对计算机的性能要求高，且费时；相同点是两种解缠方法得到的形变干涉图都包含有基线误差对变形监测结果的影响。为此，我们利用地面控制点对基线进行了精密处理，得到了精密基线，去除了基线误差的影响之后，获得精确的形变干涉条纹，如图 7.4 中心所示的条纹。

(a) 枝切法

(b) 最小费用流法

图 7.3　粗基线情况下得到的干涉图

然后再将其变形转换为垂直形变，其结果如图 7.5 所示。从图 7.5 中可以看出，差分干涉结果与巴姆地区的地震变形相符，差分干涉条纹较好地反映了变形量的大小，其中一个干涉条纹是 5 cm。然而，尽管在分析前进行了相关的基线精密处理，但是差分干涉结果还残存了大气效应、基线误差和 DEM 误差等。只有精确地获取当地 DEM 数据和对 ENVISAT 图像的轨道进行优化，才能消除这种影响。对照国外几家相关科研机构在网页上公布的初步研究结果发现，尽管这几家研究机构在计算干涉条纹图时采用的SAR图像序列和干涉方法略有差异，但是对巴姆古城地区由于地震引发的地面沉降条纹的监测结果都很类似(震中的形变条纹数都基本相同)。这也说明差分雷达干涉测量在监测地震形变方面有其独特的优点。

(a) 枝切法

(b) 最小费用流法

图 7.4 精基线情况下得到的干涉图

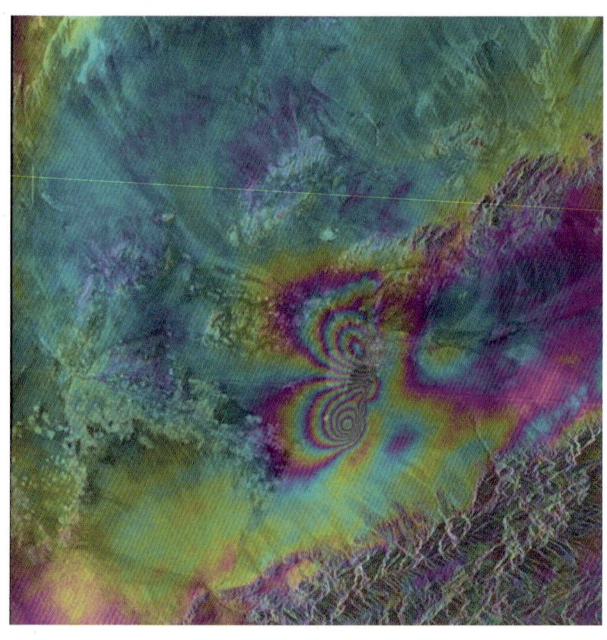

图 7.5 巴姆地区的地震变形监测结果

7.1.4　宽幅模式差分干涉结果分析

选择 2003 年 9 月 21 日和 2004 年 2 月 8 日的两景宽幅数据来进行干涉差分，其干涉参数信息见表 7.3。

表 7.3　宽幅模式图像干涉参数信息

干涉图参数	08147—10151
基线/m	208.7
垂直基线/m	199.3
平行基线/m	62.03
入射角/(°)	22.8
时间跨度/天	139
多视处理	3:15

由表 7.3 可以看出，所选两对影像的垂直基线都很小，说明对高程变化不敏感，非常适合计算形变。另外，巴姆地区气候干燥使得大气噪声的影响很小，植被稀少使震前震后的影像相干性更好。图 7.6 和图 7.7 是巴姆地震解缠前后的宽幅雷达差分干涉图，从两图可以看出，宽幅影像更能反映整个地震区域及区域的地形起伏情况，巴姆地震位于第三子条带上。为了更好地比较宽幅和条带模式的不同点，特将巴姆地震宽幅与条带模式差分干涉图进行了比较，如图 7.8 所示。图 7.8中的右图是宽幅模式的第三个子条带干涉差分图，其左图是条带模式的差分干涉结果。从图 7.8 可以看出，两种模式的雷达差分干涉图像都能反映巴姆地震的变形情况，而且变形敏感程度相同。主要原因是其都属于 ENVISAT 卫星的 C 波图像，这也说明雷达图像的分辨率不会降低监测形变时的敏感度，只与其波长有关。

图 7.6　巴姆地震未解缠的宽幅雷达差分干涉

对巴姆地震区域而言，ENVISAT 卫星的雷达射线方向余弦是 −0.066 02、

0.383 99和 0.920 1,两种模式的形变场右边可见 4 个梅花瓣中的 2 个,即东边南北各一个,南边的一瓣在雷达射线方向上隆起 30 cm,北边的下沉约 18 cm,然而在形变场的左边两种模式的形变场却不一样,宽幅模式左边有 3 个干涉条纹,而条带模式只有 1 个,主要原因是条带模式的幅度太窄导致巴姆地震区域接近图像边缘。但是,宽幅模式的差分干涉图像越靠近地震中心,其失相干越严重,这主要是由ENVISAT 卫星的宽幅模式分辨率比条带模式低很多的原因所致。

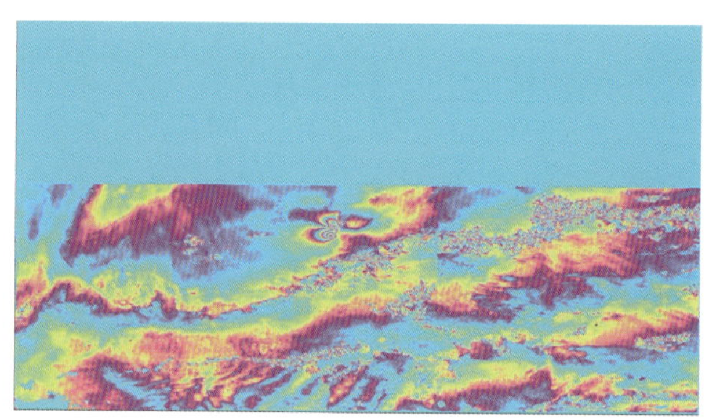

图 7.7 巴姆地震解缠后的宽幅雷达差分干涉

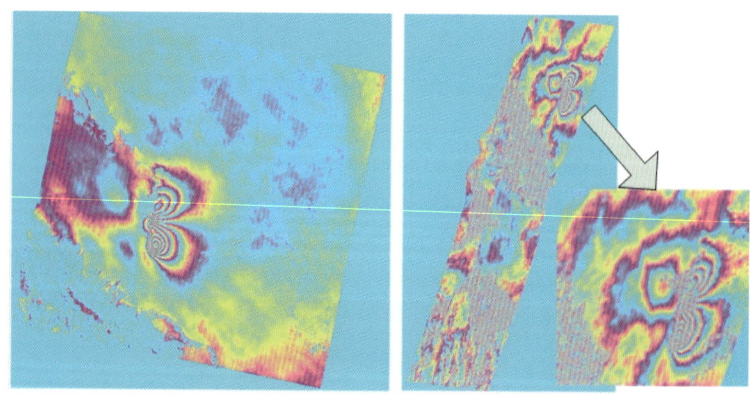

图 7.8 巴姆地震宽幅与条带模式差分干涉图的比较

§7.2 四川汶川地震

7.2.1 地震及研究概况

2008 年 5 月 12 日 14 时 28 分,在四川省汶川县映秀镇(纬度:30.986°N ,经度:103.364°E)发生了地震,震级里氏 8.0 级,矩震级 7.9 级。“5 · 12”汶川 8.0 级地震是一次高强度的巨大地震。这次地震释放出的巨大能量引起强烈地面震动，造成大量房屋倒塌和大量人员的死亡。地震还引发数以万计的山崩、滑坡、塌方、泥石流等严重地质灾害，造成了大量房屋的倒塌或者严重破坏，毁坏了交通等生命线系统，如图 7.9 所示，这次地震是新中国成立以来发生的破坏性最为严重的地震。

图 7.9　汶川地震所造成的部分损毁情况

汶川大地震为逆冲、右旋、挤压型断层地震，发生在四川龙门山逆冲断裂带上，该断裂带是华南地块和青藏高原的边界构造带，其最根本的动力是华南地块和青藏高原之间相对运动所产生的能量积累和释放。龙门山断裂带主要由 3 条次断裂带（映秀—北川断裂，汶川—茂县断裂，灌县—江油断裂）组成，这些次断裂呈片瓦状向四川盆地推覆，这 3 条次断裂在地下约 20 km 处收敛合并于一条断裂带。汶川地震影响范围巨大，即震中约 60 km 范围内的县城和地表破坏严重，全国多个省市甚至一些其他国家如越南都有明显震感，其地震带分布如图 7.10 所示。

在汶川地震过程中，地震导致了地表大量的破裂和宽域地表变形，这些变形蕴含着丰富的地球动力学信息，通过测量和获取汶川地震的宽域形变场，进行反演该断层的地球物理模型参数，是认识汶川地震成因机理的有效途径之一。

自汶川地震发生以来，人们从活动构造、等烈度线、震源机制等方面研究了发震构造和震源特征（Zheng-Kang et al，2009；Burchfiel et al，2008；Hashimoto，2008），研究手段包括野外勘查、重力测量、GPS 和传统合成孔径雷达干涉测量等，取得了较高价值的研究成果。张军龙等（2009）和李海兵等（2008）通过野外勘查，得到了汶川同震地表破裂带的分布特征，获得了宝贵的现场材料，但野外勘察方法无法给出地表破裂以外的同震位移场，且容易受到次生地质的灾害的影响。由于GPS观测结果具有量化清晰、精度高、时间尺度一致、动力学意义明确等优点，因此许多学者利用GPS获得了汶川地震形变场(李志才 等，2009；许才军 等，2009)，并进行了反演。然而在利用离散的GPS监测结果计算研究区域水平应变场和水平形变场的空间分布时，需进行内插或拟合，而忽略了形变的精细特征，导致形变高频部分的去除。相对于野外地质勘查和GPS方法，传统合成孔径雷达干涉测量即条带模式(IM)能够克服这些缺陷，利用日本的ALOS/PALSAR得到了汶川地震的同震形变场(屈春燕 等，2008)。为研究汶川地震的同震形变场，需要5个轨道的数据，但由于IM数据覆盖范围较窄，当利用这些数据来获取汶川地震的同震形变场时，都将会对不同轨道的形变场进行拼接处理，这将导致形变场的不连续而影响发震构造和震源特征分析。为了利用GPS和InSAR各自的优点，许才军等融合GPS和InSAR对汶川地震进行了研究，取得了一些成果。

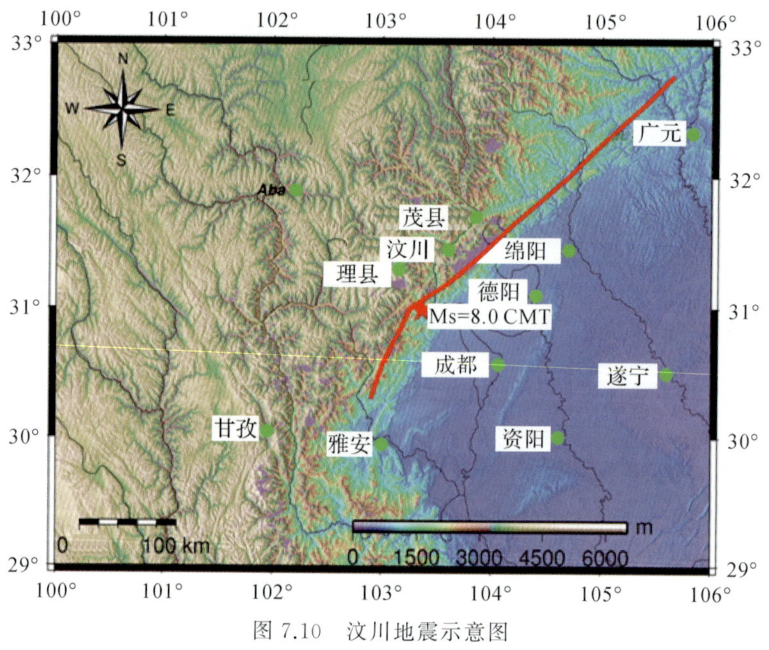

图 7.10 汶川地震示意图

目前，实测资料分析解译、地震矩张量反演、GPS和传统InSAR技术，研究所得出的结论在破裂带长度、破裂方向、破裂面大小等方面存在较大差异，这主要是因为现有方法只能获取精度低或离散性大或范围窄的形变场，故目前获取地震形变场方法和技术需进一步完善。为了能有效地揭示出研究区域的形变场和汶川地震发震构造及震源特征，本文在前面章节的研究基础上，研究了获取汶川地震形变场的途径和方法，并分析了其形变特征。

7.2.2　差分干涉处理与分析

1. 干涉数据源选择

汶川大地震是一场破坏性较强的地震，其破裂带约达 300 km，为了全覆盖该震区，需要 6 个 Track 的 ALOS/PALSAR 数据、5 个 Track 的 ASAR 的条带数据。当利用这些数据来获取汶川地震的同震形变场时，都将会对不同轨道的干涉结果进行拼接处理，这将导致形变场的不连续而影响发震构造和震源特征分析。基于此，我们选取了欧洲空间局的宽幅模式的 ASAR 数据来获取形变场，其分辨率为150 m，幅宽约为 405 km×405 km，见表 7.4。相比于条带数据，其覆盖范围要大许多，如图 7.10 所示。

表 7.4　研究中使用的降轨 ENVISAT 卫星影像数据

序号	拍摄时间	拍摄模式	升降轨	极化方式	Track	垂直基线
1	2008-01-25	ASA_WS	D	HH	247	55
2	2008-06-13	ASA_WS	D	HH	247	
3	2008-03-03	IM(IS2)	D	VV	290	500
4	2008-06-16	IM(IS2)	D	VV	290	

由于 ScanSAR 数据形成干涉时易失相干，故获取汶川地震形变主要采用两轨差分法。另外汶川地区的 SRTM 出现了数据遗失，则需利用其他数据如 SRTM30′来进行填补，但会出现填补误差，相对于 SRTM，ASTER GDEM 具有分辨率高和精度高的特点，较少出现数据遗失，故本文选择 ASATER GDEM 数据进行差分。

2. 差分干涉测量处理

宽幅 SAR 数据配准与传统 InSAR 中的图像配准一样决定了最终的成果。由于 ScanSAR 数据的成像近远地距相差较大和地球曲率影响，其精确配准难度很大，过去的基于能量(振幅或灰度)的影像匹配方法、基于相位的影像匹配方法和基于复数(振幅和相位)的影像匹配方法等配准方法在 ScanSAR 数据的配准效果不理想，有时甚至不能形成干涉图。为了能形成稳健可靠的干涉图，使配准精度小于 0.2 像素，采用了基于 DORIS 精密轨道和外部 DEM 的配准方法，其流程如图 7.11 所示。

在精确配准之后，进行差分干涉处理。首先，将各个子条带的干涉图进行拼接处理，得到整个成像区域的干涉图；其次，利用获得的缠绕干涉图减去平地相位和地形相位后得到差分干涉图，其结果如图 7.12 所示，并利用最小费用流法进行解缠；最后，利用地面控制点来改善基线误差，从而得到汶川地震解缠后的差分干涉图，如图 7.13 所示。

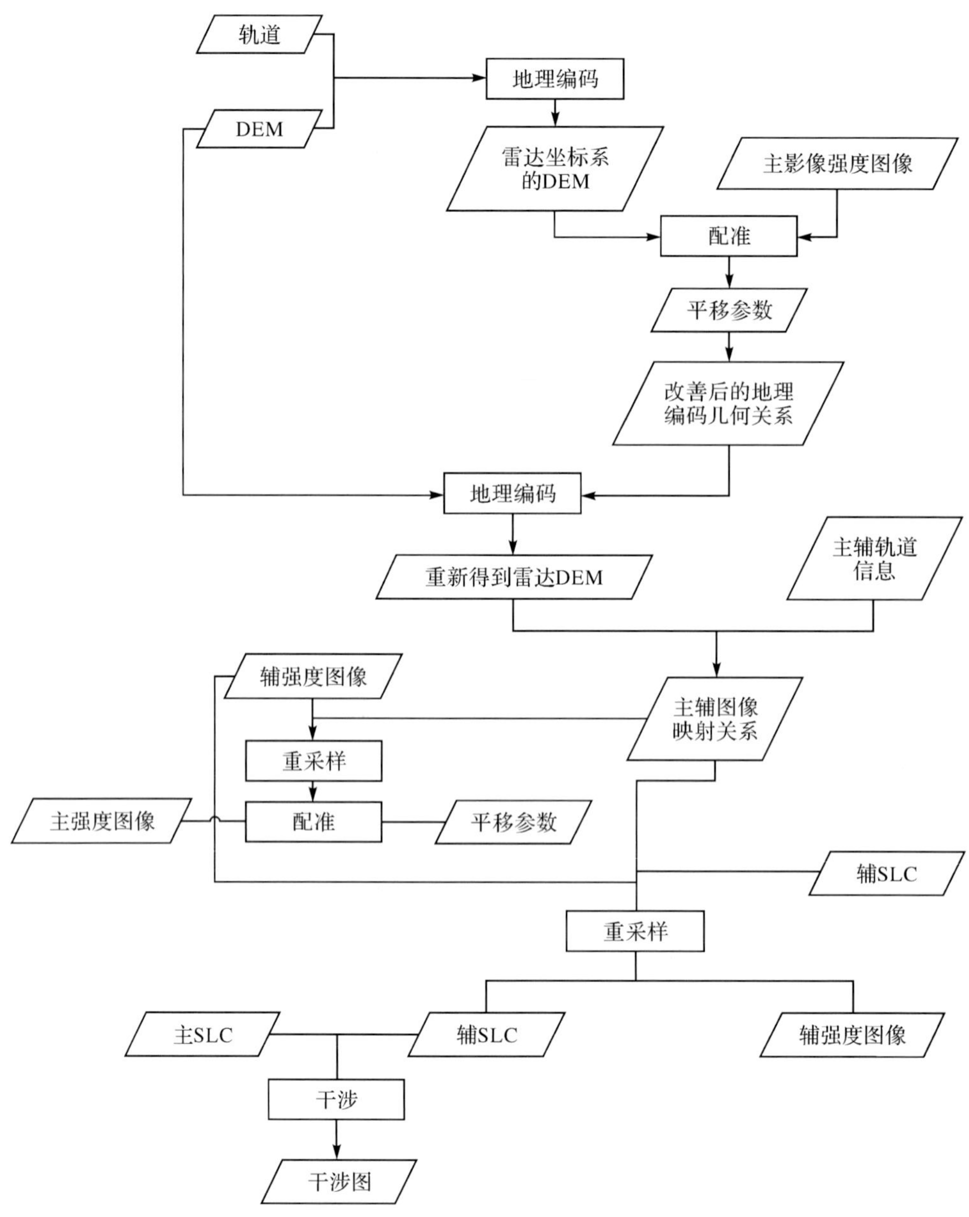

图 7.11 基于 DORIS 精密轨道和外部 DEM 的宽幅 SAR 干涉配准流程

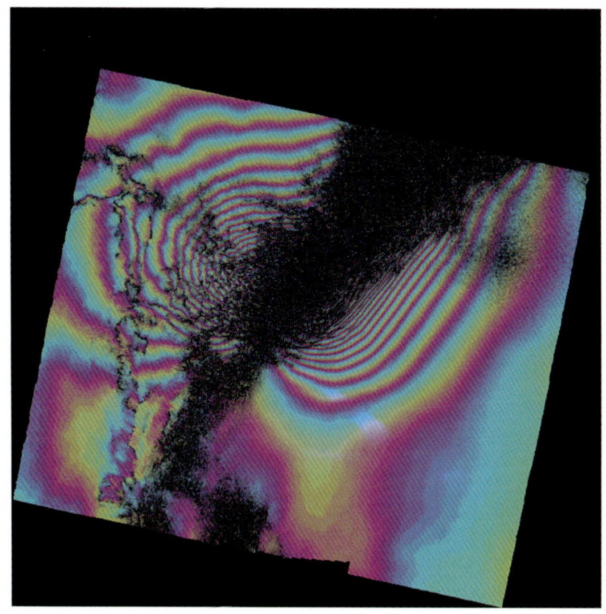

图 7.12　汶川地震的宽幅 SAR 差分干涉(未解缠)

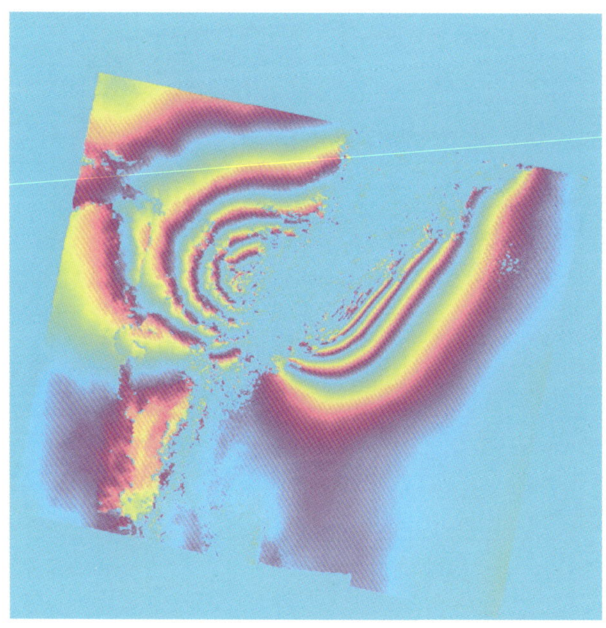

图 7.13　汶川地震的宽幅 SAR 差分干涉(解缠后)

3. **关键误差项改正**

由第 4 章可知，星载宽幅 SAR 差分干涉测量与条带一样，都受 DEM 误差、轨道误差、大气影响和数据处理误差的影响，而且宽幅 SAR 差分干涉测量还受大地水准面差距的影响。

由前述可知，在合成孔径雷达差分干涉测量中，获取的视线向形变量是以解缠时参考点为基准的，即 DEM 加减一常数对干涉结果无影响，而相对之间的高程差异则会影响最终的干涉结果。由于 GDEM 高程基准是 EGM-96 大地水准面，而 ScanSAR 干涉在 WGS-84 参考椭球面上进行，EGM-96 大地水准面和 WGS-84 参考椭球面两者之间存在大地水准面差距。对于条带模式干涉测量而言，由于其幅宽小，水准面差距几乎是一个常数，故不考虑其影响。由于宽幅 SAR 幅宽大，故利用宽幅 SAR 干涉获取形变场时须进行 WGS-84 和 EGM-96 之间的转换。在汶川宽幅 SAR 数据所覆盖的区域，采用 EGM-96 的 360 阶计算了水准面差距并进行了换算，通过计算，在该区域水准面差距最大值与最小值分别为－28.78 m 和－42.98 m，两者之间相差14.2 m，其整个区域水准面差距等值线见图 7.14。

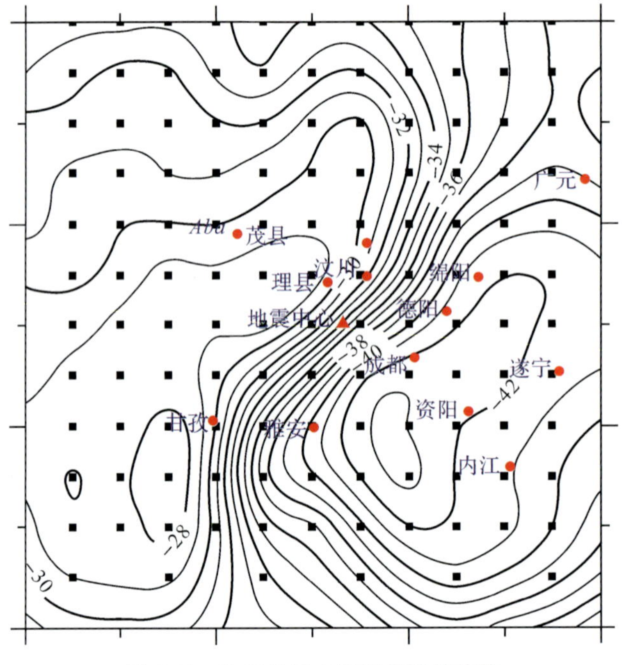

图 7.14 汶川地区水准面差距等值线

由于汶川地震的形变区位于四川西部，地形西高东低；另外，ASAR 图像和 MERIS 的水汽产品成像时间完全一致，空间分辨率跟宽幅合成孔径雷达干涉图的分辨率最接近，因主要考虑利用 MERIS 数据来降低大气的影响。

图7.15是2008年1月25号汶川地区的绝对湿延迟,图7.16是2008年6月13号汶川地区的绝对湿延迟,图7.17是干涉时的大气相对湿延迟。由图可知,在合成孔径雷达进行地震监测时的两个时期,少云,天气都比较好;在2008年1月25号和2008年6月13号震中区域的大气湿延迟都约为3 mm,但在其他区域还有一定的差值,故还须根据此相对湿延迟对宽幅SAR差分干涉图进行大气效应改正。

图7.15　2008年1月25号汶川地区的绝对湿延迟(单位:mm)

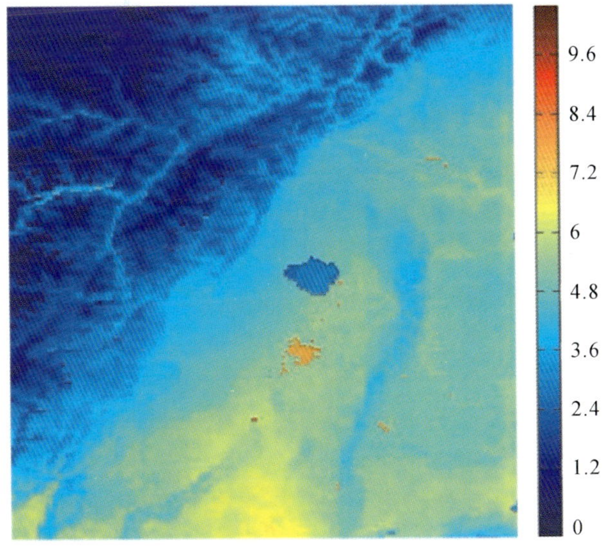

图7.16　2008年6月23号汶川地区的绝对湿延迟(单位:mm)

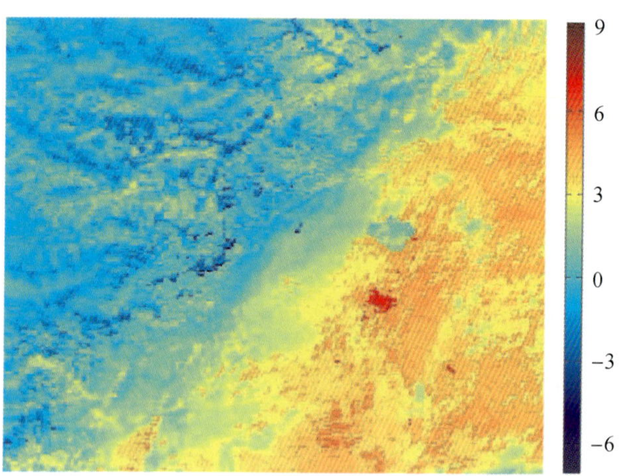

图 7.17 干涉时的大气相对湿延迟(单位:mm)

4. 干涉形变场特征分析

从图 7.12 可以看出,宽幅 SAR 干涉图覆盖了约 405 km×405 km 的范围,几乎反映了汶川地震形变场的全貌、发震断层的位置,同时表明汶川地震导致的地表形变影响范围很大,传统合成孔径雷达干涉测量方法由于覆盖区域太窄而无能为力。由图 7.12 可知,该区域大致分成了 3 个区域,中间是非相干区域,东北宽80～90 km,西南宽 20～50 km,汶川地震带位于非相干区。造成失相干的原因主要有该区域的形变梯度超过了 ASAR 的 C 波段监测能力,即在两次成像期间,相邻两像元的形变超过了 π 弧度,则 SAR 雷达的回波信号不会相干,在相干图表现为纯噪声;地震所导致的泥石流、滑坡和植被破坏也导致了失相干。另外两个区域的干涉条纹随着远离断层距离增加而越来越稀疏,断层下盘即非相干区右侧是成都平原,缠绕相位图表现为近平行扩展,说明在汶川地震导致了成都平原的下降,相比于地震上盘四川盆地变形较小,表明四川盆地地块坚硬,在相干区的另一侧是断层的上盘,出现了同心的环形条纹区域,且出现了反转,说明青藏块体在此次地震中向上抬升。另外,汶川地震的最根本动力来源是华南地块和青藏高原相对运动在断裂带上产生的能量积累和释放,然而震源处并不是地震发生时的变形最大区域。

5. 基于宽幅 SAR 形变场的定量分析

根据图 7.12 的相位图和空间成像几何关系,可将 InSAR 观测值转换成视线向形变量,如图 7.18 所示。中间部分是非相干区,图 7.12 反映了汶川地震形变场的全貌,说明汶川地震导致的形变范围非常巨大。为了更好地分析形变情况,由于中间的非相干区,故分别以图像左上角和右下角的某点为基准点进行了解缠,并分别得到了两种情况下的视线向形变图。图 7.18 是以右下角为原点解算后得到的视线向形变场。从图 7.18 可以看出,此次地震导致的形变范围很大,即使断层上盘的阿坝地区也有一定的变形，而下盘相对而言，其变形范围要窄一些，在成都大约 0.1 m 的变形。为了更好地分析变形情况，作了图 7.18 中线所示的变形剖面，如图 7.19 所示。其中图 7.19(左)是以右下角某点为基准点解缠得到的剖面，图 7.19(右)是以左上角某点为基准点解缠得到的剖面。根据变形剖面，在该剖面上，非相干区长约达 80 km，在断层的左侧即断层上盘变形值最大为 0.48 m，下盘变形最大值为0.41 m，下盘与下盘比较而言，下盘的变形范围较窄，但是其在垂直于断层附近的形变梯度却很大。

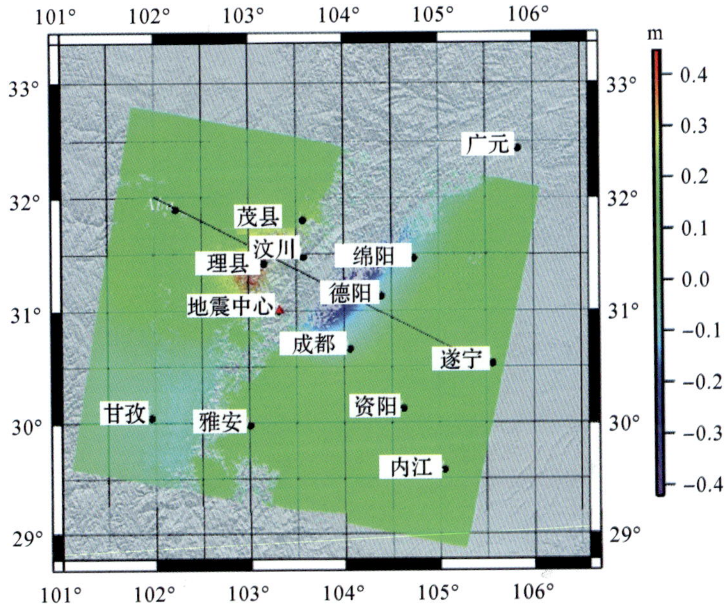

图 7.18　基于 ScanSAR 干涉的汶川地震视线向形变场

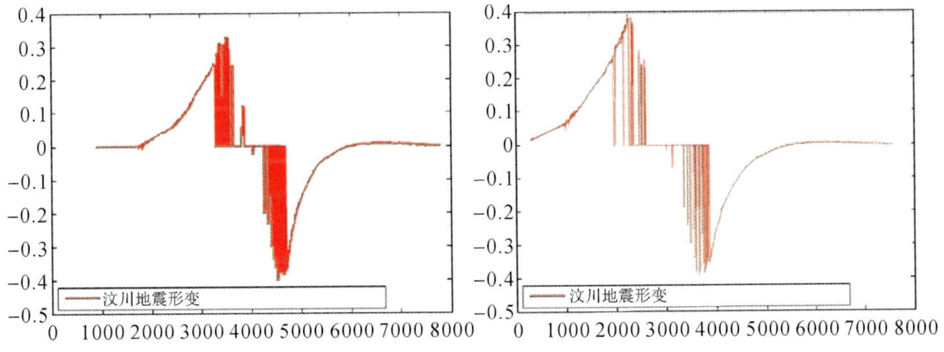

图 7.19　ScanSAR 获取的汶川地震形变剖面

7.2.3 基于多源多模式的形变融合分析

由前一小节研究结果可知，尽管利用星载宽幅 SAR 干涉测量方法有效地获取了汶川地震的形变场，但是在临近断层区域的去相干性非常严重，其原因主要是：①宽幅 SAR 分辨率较低，导致相邻两像元的形变易超过 π 弧度，从而在相干图上反映为纯噪声；②波长较短，在利用 SAR 信号监测地表形变时，波长越长，监测形变梯度的能力越强，但对变形不敏感，反之，波长较短，则其监测形变梯度的能力较弱，但对变形敏感。在汶川地震中，断层附近变形梯度大，故可用波长较长的 SAR 数据来获取，在远场可利用波长较短的 SAR 数据来获取。

图 7.20 是利用表 7.4 中 ENVISAT 卫星 IM 模式数据得到的汶川地震形变场，其中图左是差分干涉相位图（已解缠），图右是经过地理编码后的 IM 模式形变量。从图 7.20 中可以看到，尽管该差分干涉图是利用多个 FRAME 数据得到，但还是不能覆盖汶川地震形变区域。图 7.21 是基于宽幅 SAR 模式和 IM 模式差分干涉图进行融合后得到的形变场。从图 7.21 中可以看出，融合后的宽域形变场不仅能反映汶川地震的形变场，而且其非相干区域变小，融合后的宽域形变场更向断层靠近。融合前，汶川地震下盘即成都平原下降最大值约 0.4 m；融合后，最大值约为0.6 m，更好地反映汶川地震的形变情况。

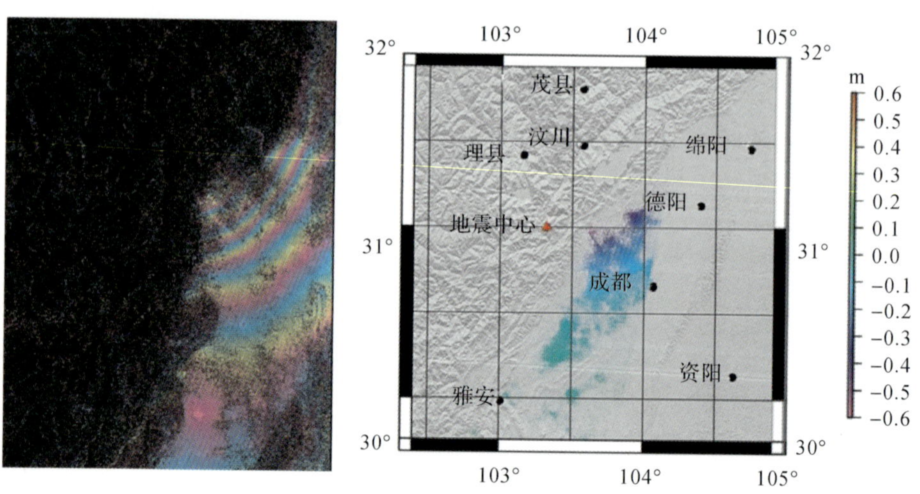

图 7.20 汶川地震的 IM 模式差分干涉结果

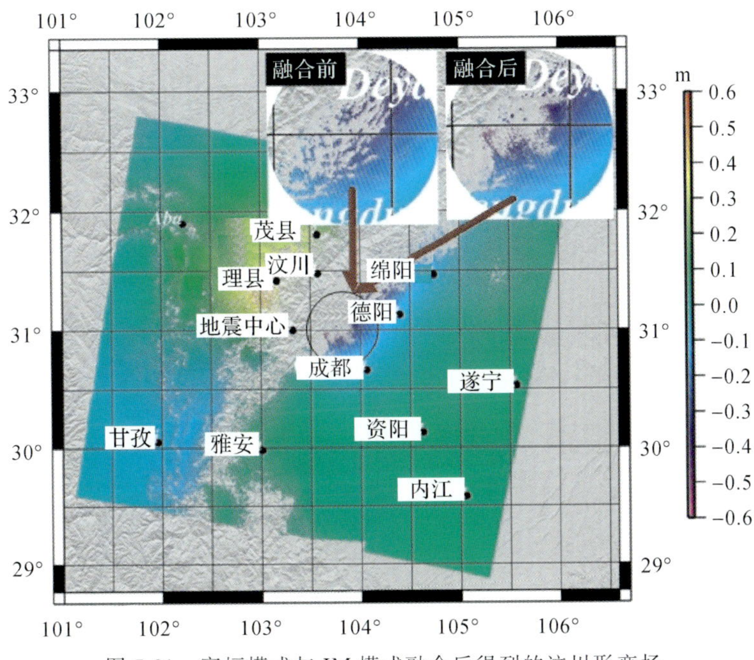

图 7.21　宽幅模式与 IM 模式融合后得到的汶川形变场

§7.3　新疆于田地震

7.3.1　地区概况

2008 年 3 月 21 日新疆维吾尔自治区和田地区于田县发生了里氏 7.3 级地震，震中西北距和田市约 225 km，北距于田县 120 km。这是继 2001 年昆仑山口西 8.1 级地震后，青藏块体西部边缘发生的又一次 7 级以上大地震。本次地震位置距 2008 年 1 月 9 日西藏改则 6.9 级地震位置约 480 km。震中位于人迹罕至的昆仑山区，海拔高度 5 000 m 以上，人烟稀少。

在此次地震之后，许多单位包括中国地震局、哈佛大学和美国地质勘探局(United States Geological Survey，USGS)等相继得到了该次地震的基本参数，见表 7.5。从表 7.5 可以看出这几个震中位置存在偏差，根据哈佛大学和 USGS 给出的震中，这次地震是发生在新疆的洛浦县，而不在于田县。中国地震台网给出的震中距 USGS 给出的震中约 29 km。为能有效地揭示出研究区域的形变场和于田地震发震构造及震源特征，本文根据星载宽幅合成孔径雷达的优点，研究了获取于田地震形变场，并分析其形变特征。

表 7.5　不同单位的于田地震参数

单位	级别	震源深度/km	震中/(°)	
			经度	纬度
中国地震局	7.3	33	35.6	81.6
哈佛大学	7.2	12	35.54	81.38
美国地质勘探局	7.2	14	35.4	81.4

7.3.2　基于宽幅 SAR 数据的地震形变场获取

1. 于田地震及干涉数据源选择

于田地震发生在东西昆仑地震带、康西瓦断裂带和阿尔金地震带的交汇区，如图 7.22 所示。该地震区靠近西昆仑山区边缘，位于塔里木盆地南部，属于青藏和西域两大活动地块区。该活动地块区包括 3 个二级活动地块(巴颜喀拉、东昆仑、塔里木)和 2 个边界活动带(西昆仑山、阿尔金)，这些活动地块和活动带的断裂以挤压和走滑为主，现今浅源地震基本沿此断裂发生(尹光华 等，2008)。如图 7.22 所示，于田地震的震中位于昆仑山中的阿什库勒小盆地，靠近阿尔金断裂的西南端分支，该次地震破裂是以拉张为主兼有走滑运动的倾滑破裂，是由阿尔金深断裂左旋扭错导致的结果。虽然于田地震位于盆地，限制了余震的分布范围，但其地震形变范围还是反映了活动块体的运动状况。无疑，阿尔金断裂带是于田地

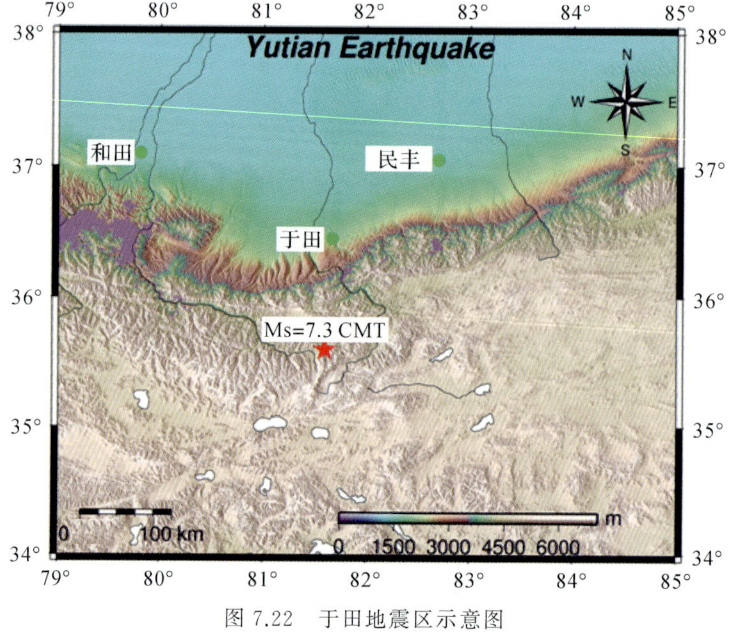

图 7.22　于田地震区示意图

震主要的发震断裂构造,阿尔金断裂的强烈地震活动,往往伴随有青藏高原周边主要断裂带的大震活动。这次7.3级于田地震之后一个多月就发生了四川汶川8.0级地震,在两年后发生了7.1级玉树地震,在青藏高原及其边缘和新疆塔里木盆地的西部及帕米尔高原周缘地区是否会引起地震活动频繁,值得进一步研究。

为了研究于田地震的整个形变场,可利用合成孔径雷达技术来获取。于田地震是一个破坏性较强的地震,其破裂涉及多个块体。基于此,选取了欧洲空间局ENVISAT卫星的宽幅和条带模式的ASAR数据来获取于田地震形变场,共7景数据,见表7.6,其中分辨率为150 m和幅宽约为405 km×405 km的ScanSAR模式5景(地震前3景,地震后2景)。

表7.6 用来获取于田地震形变的SAR数据

轨道号	拍摄时间	升降轨	扫描模式	极化方式	轨迹号
434	2007-05-03	D	WSS	HH	30862
	2007-06-07	D	WSS	HH	31363
	2007-11-29	D	WSS	HH	28085
	2008-04-17	D	WSS	HH	33095
	2008-05-22	D	WSS	HH	33196
477	2008-04-20	D	IM	HH	33093
	2007-04-01	D	IM	HH	33083

由于ScanSAR数据形成干涉时易失相干,从而导致干涉相对减少,故获取于田地震形变主要采用两轨差分法,本文选择ASATER GDEM数据来进行差分处理。

2. DEM预处理

由于于田地震区域地形复杂、层峦叠嶂,导致GDEM仍有数据遗失,为了保证宽幅SAR差分干涉测量结果,须对GDEM进行插补处理。本书中主要是利用SRTM来进行填补处理。

在得到填补后的DEM后,采用EGM-96模型对其进行大地水准面差距改正,其整个区域水准面差距等值线见图7.23。从图7.23可以看出,该区域水准面差距最大值与最小值分别为−62.3 m和−19.8 m,两者之间相差42.5 m。

3. 宽幅SAR干涉数据处理及关键技术

宽幅SAR数据配准与条带干涉测量的图像配准一样决定最终成果质量,为了能形成稳健可靠的干涉图,使配准精度小于0.2像素,仍然采用了基于DORIS精密轨道和外部DEM的配准方法。

首先,将各个子条带的干涉图进行拼接处理,得到整个成像区域的干涉图,然后将获得的缠绕干涉图减去平地相位和地形相位后得到差分干涉图,如图7.24所示,图7.24左是解缠前的差分干涉图,图7.24右是解缠后的差分干涉图。该差分干涉图是利用 2007 年 11 月 29 日和 2008 年 4 月 17 日的两景数据差分得到的，其垂直基线是 75.6 m。

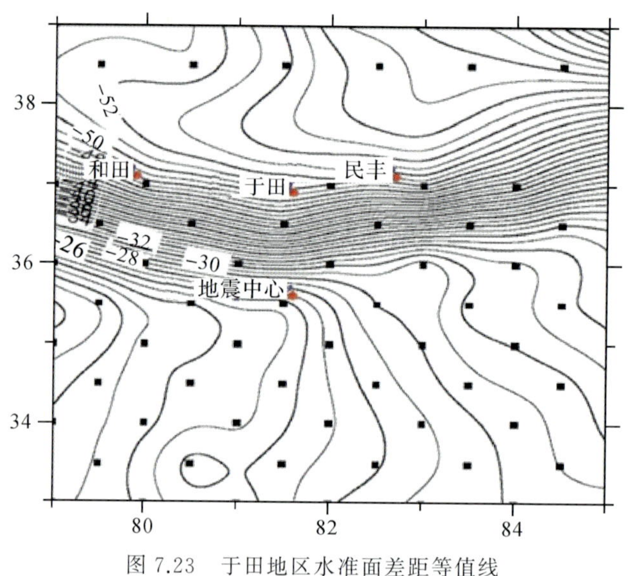

图 7.23　于田地区水准面差距等值线

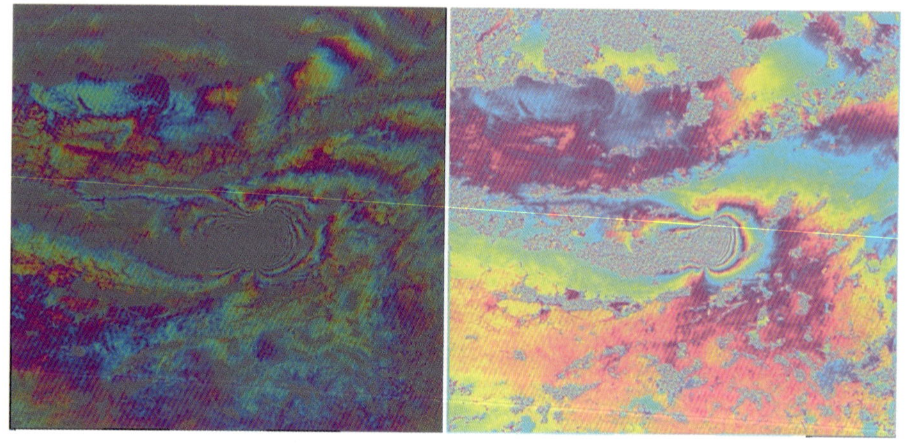
图 7.24　于田地震差分干涉图

4. 基于 DEM 的大气效应校正

为校正于田地震 ScanSAR 差分干涉图的大气效应，利用式(5.11)得到了该地震区域的大气相位，其最大值约为 2.2 弧度，如图 7.25 所示。利用该值进行了差分干涉图大气校正，其校正后的结果如图 7.26 所示。且对校正前后进行了比较，从图中可以看出，尽管基于 DEM 的大气效应校正模型能在一定程度上改善 ScanSAR 差分干涉图质量，但是在 DEM 梯度较大的地区，其校正效果还需进一步提高，利用该模型来校正差分干涉图的大气效应并没有二阶项，若利用曲面去拟合则结果较好。

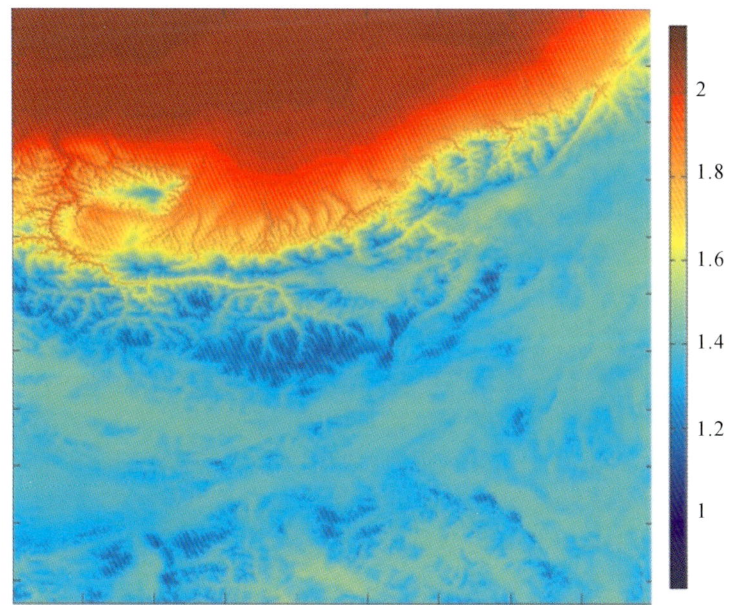

图 7.25　基于 DEM 的大气效应校正值(单位：弧度)

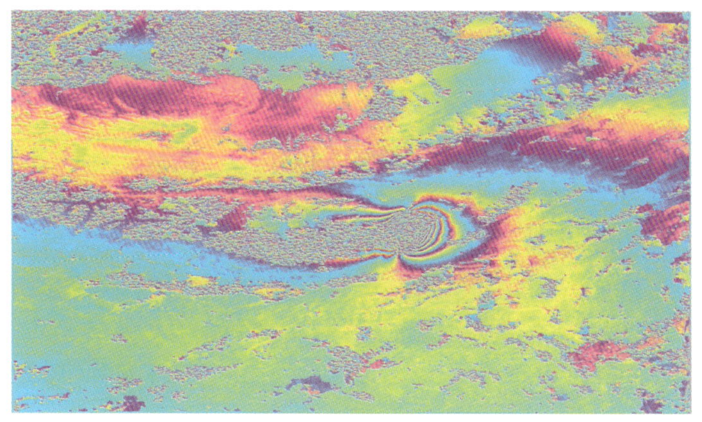

图 7.26　大气校正后的差分干涉图(解缠后)

7.3.3　基于宽幅 SAR 干涉结果的形变分析

1. 干涉形变场特征分析

由图 7.24 可知，ScanSAR 干涉图覆盖了约 405 km×405 km 的范围，几乎反映了于田地震形变场的全貌及发震断层的位置，同时表明于田地震导致的地表形变影响范围很大。从图 7.24 可以看出，该区域大致分成了两个区域，中间是非相干区域，于田地震带位于此非相干区。造成非相干的原因是该区域的形变梯度超过了 ASAR 的 C 波段监测能力，即在两次成像期间，相邻两像元的形变超过了 π 弧度，则 SAR 雷达的回波信号不会相干，在相干图表现为纯噪声；地震所导致的泥石流、滑坡和植被破坏也将导致非相干。在非相干区左侧是地震的下盘，右侧则是地震的上盘，这两个区域的干涉条纹随着远离断层距离增加而越来越稀疏，但断层上盘形变衰减很快，而下盘衰减却较慢。另外，还注意到在图 7.24 右上角区域即使远离断层的情况下还残存条纹。为了验证这些干涉条纹是否由地震变形引起，我们选取地震前后的另外两景数据进行了干涉处理，得到了其差分干涉图，其结果见图 7.27，其中图 7.27 左是地震前后另外两景数据的结果，图 7.27 右是地震前两数据的结果。从图 7.27 左可以看出，即使垂直基线为 2.87 m，右上角区域仍然存在干涉条纹，而地震前两景数据差分结果即无干涉条纹。可见此处的条纹不是由地形或其他导致，而是由于田地震引起，且该区域相距地震断层约 170 km，位于东昆仑断裂与阿尔金断裂的交汇处，地震上盘形变近场与该交汇处的过渡部分并无干涉条纹，这与巴颜喀块体地质结构有关。

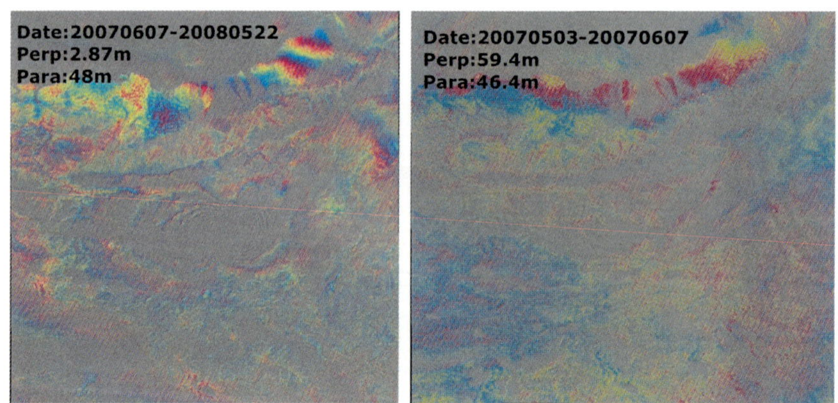

图 7.27 于田地震其他数据的差分干涉图(未解缠)

根据图 7.26 的差分相位图和空间成像几何关系，可将 ScanSAR 相位值转换成视线向形变量，如图 7.28 所示。从图可知，中间部分是非相干区，该图反映了于田地震形变场的全貌，说明于田地震导致的形变范围非常巨大。从图 7.28 可以看出，于田地震的断裂带长约 80 km，在断层的左侧即断层下盘变形值最大为 0.32 m，上盘变形最大值为－0.41 m，上盘与下盘比较而言，上盘的变形范围较窄，但是其在垂直于断层附近的形变梯度却很大。

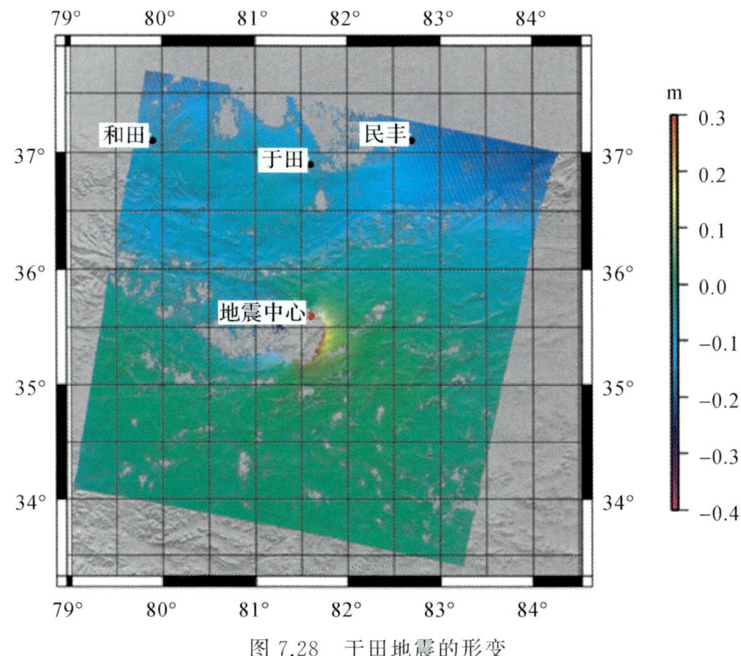

图 7.28　于田地震的形变

7.3.4　于田地震条带模式干涉图分析

为了分析宽幅合成孔径雷达干涉测量获取的于田地震形变结果，并体现其在地震尤其是强烈地震方面的优势，本文利用条带模式的数据进行差分处理后得到了于田地震的差分干涉结果，如图 7.29 所示。在差分干涉处理过程中，其数据处理方法与 ScanSAR 处理完全相同。从图 7.29 知，条带模式的差分干涉结果几乎反映了于田地震的断层和形变情况，其上盘最大变形为 0.6 m，下盘最大变形为 −0.63 m。与 ScanSAR 模式干涉结果相比较而言，条带模式的干涉图像仍存在一定范围的非相干区，但其范围较小，这主要是由条带模式的分辨率较高所致。另外，条带模式干涉结果无法反映与宽幅模式干涉相同的形变场，尤其是于田地震下盘缺失很多，另外，在阿尔金断裂与东昆仑断裂交汇处的形变也无法反映，即条带模式只反映了于田地震约 100 km×100 km 范围的形变区域。通过比较发现，在获取大地震形变场的方法中，宽幅 SAR 由于其覆盖范围较宽的优点而独占鳌头，能全面反映形变场和相应地震区域地质结构特点，而条带模式干涉测量由于覆盖区域太窄而无能为力。

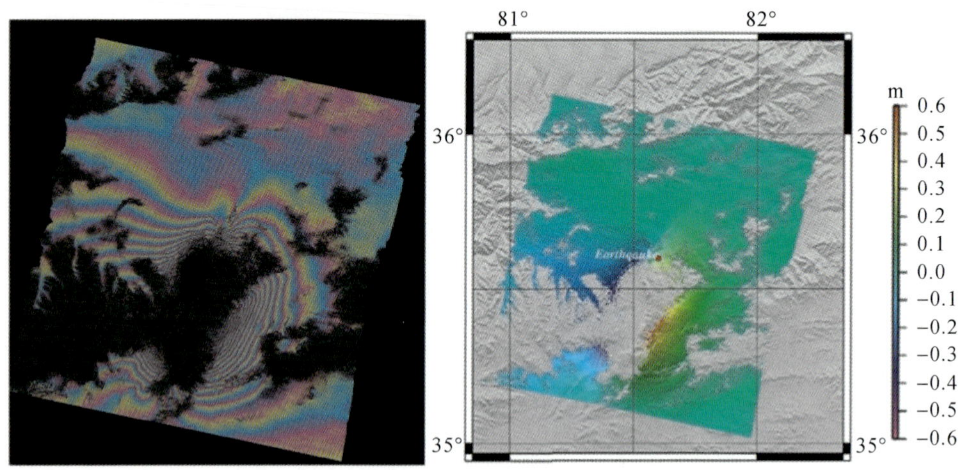

图 7.29　条带模式干涉图与形变结果

§7.4　小　结

本章在前述章节的基础上，首先研究了伊朗巴姆地震的形变监测分析情况，然后利用宽幅 SAR 数据得到了汶川地震的形变场，据此对形变特征进行了定量与定性分析，针对其非相干区域较大的缺点，研究了基于多源多模式的形变融合分析方法，较好地改善了非相干区数据缺失的情况。另外，研究获取了发生在 2008 年 3 月21 日的 7.3 级新疆于田地震的宽域形变场，且基于 DEM 对其差分干涉图进行了大气校正，与条带模式干涉结果进行了比较分析，取得了较为理想的成果，为于田地震分析和反演提供了有力的数据支撑。

参考文献

[1] 保铮,邢孟道,王彤.2005.雷达成像技术[M].北京:电子工业出版社.

[2] 巴顿.2007.雷达系统分析与建模[M].南京电子技术研究所,译.北京:电子工业出版社.

[3] 郭华东.2000.雷达对地观测理论与应用[M].北京:科学出版社.

[4] 黄倩.2006.SAR 数据处理算法及基于机群的处理系统研究[D].北京:中国科学院电子研究所.

[5] 卡明.2007.合成孔径雷达成像:算法与实现[M]洪文,译.北京:电子工业出版社.

[6] 单新建,马谨,王长林,等.2002.利用星载 D-InSAR 技术获取的地表形变场提取玛尼地震震源断层参数[J].中国科学,32(10):837-844.

[7] 单新建,屈春燕,宁小刚,等.2009.汶川 Ms8.0 级地震 InSAR 同震形变场[J].地球物理学报,52(2):496-504.

[8] 丁丁,王贞松,荆麟角,等.2002.星载 ScanSAR 成像研究[J].遥感学报,6(4):259-266.

[9] 范景辉,郭华东,郭小方,等.2008.基于相干目标的干涉图叠加方法监测天津地区地面沉降[J].遥感学报,12(1):111-123.

[10] 高骥,于晋,侯明辉,等.2008.ECS 结合 Modified SPECAN 在 ScanSAR 精确成像中的应用[J].雷达科学与技术,6(3):191-195.

[11] 高骥,于晋.2009.星载扫描模式合成孔径雷达成像算法研究[J].航天返回与遥感,30(1):43-47.

[12] 龚晓静,皮鸣,杨建宇.2005.ECS 成像算法在 ScanSAR 中的应用[J].实验科学与技术(3):17-22.

[13] 李海兵,王宗秀,付小方.2008.2008 年 5 月 12 日汶川地震_Ms8_0_地表破裂带的分布特征[J].中国地质,35(5):803-815.

[14] 李陶.2004.重复轨道星载 SAR 差分干涉测量监测地表形变[D].武汉:武汉大学.

[15] 李小凡,李颖,曾琪明,等.2009.应用与 ASAR 同步的 MERIS 对重复轨道 InSAR 进行大气校正[J].北京大学学报:自然科学版,45(6):1012-1019.

[16] 李志才,张鹏,金双根,等.2009.基于 GPS 观测数据的汶川地震断层形变反演分析[J].测绘学报,38(2):108-117.

[17] 刘国祥. 2004.合成孔径雷达遥感新技术_InSAR 介绍[J].四川测绘,27(2):92-96.

[18] 刘晓刚,邓禹,叶修松,等.2010.EGM96 与 EGM2008 地球重力场模型精度比较[J].海洋测绘,30(2):54-57.

[19] 马超,单新建.2005.昆仑山口西 Ms8.1 级地震 InSAR 斜距向同震位错分解[J].地震研究,28(3):244-247.

[20] 明峰,洪峻,吴一戎.2006a.地形因素对 ScanSAR 辐射特性的影响[J].现代雷达, 28(6):30-34.

[21] 明峰,洪峻,吴一戎.2006b.ScanSAR 的 Scalloping 辐射误差研究[J].电子与信息学报,28(10):1806-1809.

[22] 乔蓉蓉，王贞松.2002.星载 ScanSAR 工作模式研究与设计[J].电子与信息学报，24(7)：935-944.

[23] 乔书波.2003.InSAR 技术及其在大地测量与空间地球动力学中的应用研究[D].郑州：中国人民解放军信息工程大学.

[24] 屈春燕，宋小刚，张桂芳，等.2008.汶川 MS810 地震 InSAR 同震形变场特征分析[J].地震地质，30(4)：1076-1084.

[25] 谭小敏，张洪太，王万林.2007.星载 ScanSAR 工作模式研究[J].空间电子技术(1)：13-20.

[26] 田斌，李进，申文斌.2009.基于 EGM2008 和 SRTM 模型确定的新疆地区似大地水准面及其精度评估[J].测绘科学，34(增)：5-8.

[27] 王琦，刘站科，丁晓光，等.2009.结合 EGM96 重力场位模型采用 RCR 法求解高程异常[J].矿山测量(2)：16-22.

[28] 魏杰，周荫清，李春升.2005.星载 ScanSAR 等效斜视距离模型的 ECS 成像算法[J].电子学报(9)：1545-1549.

[29] 徐华平，周荫清，李春升.2001.星载 SCANSAR 模式的实现方法及计算机仿真[J].电子学报，29：1960-1963.

[30] 许才军，刘洋，温扬茂.2009.利用 GPS 资料反演汶川 Mw7.9 级地震滑动分布[J].测绘学报，38(3)：195-203.

[31] 尹光华，蒋靖祥，吴国栋.2008.2008 年 3 月 21 日于田 7.4 级地震的构造背景[J].干旱地理，34(2)：543-550.

[32] 袁孝康.1997.星载合成孔径雷达的 ScanSAR 技术[J].上海航天(2)：52-57.

[33] 袁孝康.1998.星载 ScanSAR 特性研究[J].中国空间科学技术(4)：42-50.

[34] 袁运斌.2002.基于 GPS 的电离层监测及延迟改正理论与方法的研究[D].北京：中国科学院研究生院测量与地球物理研究所.

[35] 张军龙，申旭辉，徐岳仁，等.2009.汶川 8 级大地震的地表破裂特征及分段[J].地震，29(1)：149-163.

[36] 张双成.2009.地基 GPS 遥感水汽空间分布技术及其应用的研究[D].武汉：武汉大学.

[37] 张诗玉.2009.干涉图大气效应校正方法研究及 InSAR 在天津地面沉降中的应用[D].武汉：武汉大学.

[38] 赵淑清，胡伟，周志鑫.2006.ScanSAR 成像及测绘带拼接像素间隔的归一化[J].系统工程与电子技术，28(9)：1321-1326.

[39] 赵志伟，杨汝良，祈海明，等.2007.星载 ScanSAR 模式 ECS 成像算法研究[J].测试技术学报，21(5)：418-423.

[40] 赵志伟. 2007.星载扫描干涉合成孔径雷达系统及信号处理技术[D].北京：中国科学院电子学研究所.

[41] 魏钟铨.2001.合成孔径雷达卫星[M].北京：科学出版社.

[42] 温扬茂.2009.利用 INSAR 资料研究若干强震的同震和震后形变[D].武汉：武汉大学.

[43] 孙建宝，梁芳，徐锡伟，等.2006.升降轨道 ASAR 雷达干涉揭示的巴姆地震(Mw6.5)3D 同震形变场[J].遥感学报，10(4)：489-488.

[44] 洪顺英.2010.基于多视线向 DInSAR 技术的三维同震形变场解算方法研究及应用[D].北京:中国地震局地质研究所.

[45] 季灵运,许建东.2009.利用 DInSAR 和 AZO 技术获取 Bam 地震同震三维形变场[J].大地测量与地球动力学,29(6):40-45.

[46] 胡俊,李志伟,朱建军,等.2010.融合升降轨 SAR 干涉相位和幅度信息揭示地表三维形变场的研究[J].中国科学:地球科学,40(3):307-318.

[47] 焦明连,蒋廷臣.2008.合成孔径雷达干涉测量理论与应用[M].北京:测绘出版社.

[48] 刘国祥,张瑞,李陶,等.2012.基于多卫星平台永久散射体雷达干涉提取三维地表形变速度场[J].地球物理学报,55(8):2598-2610.

[49] 张瑞.2012.基于多级网络化的多平台永久散射体雷达干涉建模与形变计算方法[D].成都:西南交通大学.

[50] 查显杰,傅容珊,戴志阳.2006.DInSAR 对不同方位形变的敏感性研究[J].测绘学报,35(2):133-137.

[51] 孙建宝,梁芳,徐锡伟,等.2006.升降轨道 ASAR 雷达干涉提示的巴姆地震(Mw6.5)3D 同震形变场[J].遥感学报,10(4):489-496.

[52] 罗海滨,何秀凤,刘焱熊.2008.利用 DInSAR 和 GPS 综合方法估计三维形变速率[J].测绘学报,37(2):168-171.

[53] 朱仁义.2012.宽幅 InSAR 技术在地质灾害的综合形变监测应用研究[D].西安:长安大学.

[54] 田辉. 2014.D-lnSAR 技术在盘锦地区地面沉降监测中的应用研究[D].吉林:吉林大学.

[55] 龙四春.2009.基于相干目标的 DInSAR 高级技术及其在地面沉降监测中的应用[D].武汉:武汉大学.

[56] 王洪友.2014.基于 D_InSAR 技术和 MAI 技术加权获取巴姆三维地震同震形变场[D].北京:中国地质大学.

[57] 祝传广,邓喀中,张继贤,等.2014.基于多源 SAR 影像矿区三维形变场的监测[J].煤炭学报,39(4):673-678.

[58] 李海英,张珊珊,李世强,等. 2014.环境一号 C 卫星合成孔径雷达相干性分析[J].雷达学报(3):320-326.

[59] 王庆,张涛,邱志伟,等.2014.InSAR 技术在南京河西新城地面沉降监测中的应用[J].城市勘测(2):96-99.

[60] 王永哲,朱建军,李志伟,等.2013.利用 PALSAR 数据反演 2010 年玉树地震断层的同震滑动分布[J].测绘学报,42(1):27-33.

[61] 王志勇,张继贤,黄国满.2014.基于 InSAR 的济宁矿区沉降精细化监测与分析[J].中国矿业大学学报,43(1):169-175.

[62] 朱煜峰.2013.矿区地面沉降的 InSAR 监测及参数反演[D].长沙:中南大学.

[63] Bamler R.1995.Adapting Precision Standard SAR Processors to ScanSAR[C]//Proc.Int. Geoscience and Remote Sensing Symp IGARSS'95.3:2051-2053.

[64] Bamler R,Geudtner D,Schattler B, et al.1999.RadarSAT ScanSAR Interferometry [C]//Proc Int Geoscience and Remote Sensing Symp.IGARSS'99(3):1517-1521.

[65] Bamler R, Ineder M E.1996.ScanSAR Processing Using Standard High Precision SAR Algorithms[J].IEEE Trans,Geoscience and Remote Sensing,34(1):212-218.

[66] Barber B C.1985.Theory of Digital Imaging from Orbital Synthetic Aperture Radar[J]. International Journal of Remote Sensing:1009-1057.

[67] Bechor N B D,Zebker H A.2006.Measuring Two-dimensional Movements Using a Single InSAR Pair[J].Geophys.Res.Lett.,33,L16311.doi:10.1029/2006GL026883.

[68] Biggs J R,Burgman J T, Freymueller J,et al.2009.The Postseismic Response to the 2002 M7.9 Denali Fault Earthquake:Constraints form InSAR 2003—2005[J].Geophys.J. Int, 176:353-367.

[69] Burchfiel B C, Royden L H, van der Hilst R D, et al.2008.A Geological and Geophysical Context for the Wenchuan Earthquake of 12 May 2008, Sichuan, People's Republic of China[J].GSA(18): 4-11.

[70] Captuti W, Stretch J.1971.A Time-transformation Technique[J].IEEE Trans on Aerospace and Electronic Systems,Aes(7):269-278.

[71] Colesanti C,Ferretti A,Novali F,et al. 2003b.SAR Monitoring of Progressive and Seasonal Ground Deformation Using the Permanent Scatterer Technique[J].IEEE Trans Geosci Remote Sens,41(7):1685-1701.

[72] Colesanti C,Ferretti A,Prati C,et al.2003a.Monitoring Landslides and Tectonicmotions with the Permanent Scatterers Technique[J].ENGG Geology,68(1/2):3-14.

[73] Cumming I G,Bennet J R. 1979.Digital Processing of SeaSat SAR Data[C]//IEEE 1979 Internation Conference on Acoustics, Speech and Singal Processing. Washington, D C (1979):456-485.

[74] Cumming I G, Guo Y, Wong F H.1997.A Comparison of Phase-Preserving Algorithms for Burst-Mode SAR Data Processing[C]// Proc. Int. Geoscience and Remote Sensing Symp.,IGARSS'97,2:731-733.

[75] Cumming I G,Wong F H.2005.Digital Processing of Synthetic Aperture Radar Data: Algorithms and Implemention[J].Artech House Print on Demand.

[76] Currie A M,Brown A.1992.Wide-swath SAR[J].IEEE Proceedings F,139(2):123-135.

[77] Dong Yusen,Michael C,Alex N,et al.2010.ScanSAR Interferometry for Monitoring the Ground Deformation of the Magnitude 8.0 Wenchuan Earthquake in China[C].IGARSS 2010,I:169-176.

[78] Donnellan A,Parker J W,Peltzer G.2002.Combined GPS and InSAR Models of Postseismic Deformation from the Northridge Earthquake[J]. Pure and Applied Geophysics, 159: 2261-2270.

[79] Ferretti A, Bianchi M, Prati C.2005.Higher-order Permanent Scatterers Analysis[J]. EURASIP Journal on Applied Signal Processing(20):3231-3242.

[80] Ferretti A,Guarnieri A M,Prati C,et al.2007.InSAR Principles: Guidelines for SAR Interferometry Processing and Interpretation[M].PARIS:ESA Publications.